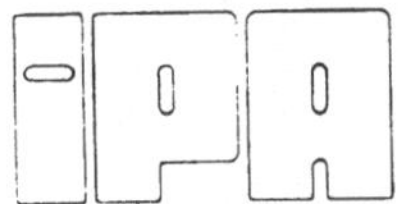

Forschung und Praxis · Band 73

**Berichte aus dem Fraunhofer-Institut
für Produktionstechnik und Automatisierung,
Stuttgart, und dem Institut
für Industrielle Fertigung und Fabrikbetrieb
der Universität Stuttgart**

Herausgeber: Prof. Dr.-Ing. H. J. Warnecke

Harald Müller

Untersuchungen zur Herstellung und zum Einsatz galvanogeformter Erodierelektroden

Mit 78 Abbildungen

Springer-Verlag
Berlin Heidelberg New York Tokyo 1983

Dipl.-Ing. Harald Müller

Fraunhofer-Institut für Produktionstechnik und Automatisierung (IPA), Stuttgart

Dr.-Ing. H. J. Warnecke

o. Professor an der Universität Stuttgart

Fraunhofer-Institut für Produktionstechnik und Automatisierung (IPA), Stuttgart

D 93

ISBN-13:978-3-540-12822-9   e-ISBN-13:978-3-642-82131-8
DOI: 10.1007/978-3-642-82131-8

Gesamtherstellung: Copydruck GmbH, Offsetdruckerei, Industriestraße 1-3, 7251 Heimsheim, Telefon 0 70 33/38 25-26
2362/3020–543210

<u>Geleitwort des Herausgebers</u>

Die Entwicklungen in der Produktionstechnik in den letzten Jahr-
zehnten haben entscheidend zur positiven wirtschaftlichen und
sozialen Entwicklung in der Bundesrepublik Deutschland beigetragen. Die Produktivität konnte jedes Jahr um durchschnittlich
etwa 3,5 % gesteigert werden. Mechanisierung und Automatisierung
wurden und werden stetig weiter vorangetrieben. Während es sich
bisher jedoch um Verbesserungen an einzelnen Maschinen und Anla-
gen sowie Verfahren handelte, werden heute alle Unternehmens-
bereiche erfaßt, und man ist bemüht, das gesamte System Unter-
nehmen bzw. Produktionsbetrieb zu optimieren. Das klassische
Bemühen um Optimierung des Einsatzes und Zusammenwirkens der Pro-
duktionsfaktoren Mensch, Maschine und Material muß heute erwei-
tert werden um die Berücksichtigung sozialer Belange, gesetz-
licher Auflagen, Probleme der Energieversorgung , schnellen Veränderungen an den Produkten und auf den Märkten sowie Sicherung
der Qualität und der Lieferfähigkeit.

Von wissenschaftlicher Seite wird und muß dieses Bemühen unterstützt werden durch die Entwicklung von Methoden und Vorgehens-
weisen zur systematischen Analyse und Verbesserung des Systems
Produktionsbetrieb. Hier ist heute insbesondere auch der Fer-
tigungsingenieur gefordert, nicht nur einzelne Maschinen und
Verfahren zu beherrschen, sondern das gesamte komplexe System
hinsichtlich der Verknüpfung seiner Elemente durch zweckmäßigen
Informations- und Materialfluß. Beispielhaft seien dazu nur hinsichtlich des Informationsflusses die heute gegebenen Möglichkeiten der Datenerfassung und -verarbeitung in Fertigungsplanung
und -steuerung an den einzelnen Produktionsanlagen sowie im
Qualitätswesen genannt. Im Materialfluß geht es um richtige
Auswahl und Einsatz von Fördermitteln, Förderhilfsmitteln sowie
Anordnung und Ausstattung von Lägern. Der weiteren Automatisierung in der Handhabung von Werkstücken und Werkzeugen sowie der
Montage von Produkten wird in nächster Zukunft allergrößte Auf-
merksamkeit geschenkt werden. Leistungsfähige Sensoren werden
die Möglichkeiten dafür sehr stark vergrößern.

Die beiden vom Herausgeber geleiteten Institute, das Institut
für Industrielle Fertigung und Fabrikbetrieb der Universität
Stuttgart sowie das Fraunhofer-Institut für Produktionstechnik
und Automatisierung in Stuttgart, arbeiten in grundlegender und
angewandter Forschung intensiv an den aufgezeigten Entwicklungen in der Produktionstechnik mit. Zur Umsetzung gewonnener
Erkenntnisse wird die Schriftenreihe "IPA Forschung und Praxis"
herausgegeben. Der vorliegende Band setzt diese Reihe fort,
eine Übersicht über bisher erschienene Titel wird am Schluß
dieses Bandes gegeben.

Dem Verfasser sei für die geleistete Arbeit gedankt, dem Springer-Verlag für die Aufnahme dieser Schriftenreihe in seine An-
gebotspalette und der Druckerei für saubere und zügige Aus-
führung.Möge das Buch von der Fachwelt gut aufgenommen werden.

Hans-Jürgen Warnecke

<u>Vorwort</u>

Die vorliegende Dissertation entstand neben meiner Tätigkeit als wissenschaftlicher Mitarbeiter am Fraunhofer-Institut für Produktionstechnik und Automatisierung (IPA) in Stuttgart.

Herrn Professor Dr.-Ing. H.-J. Warnecke, dem Direktor des IPA und Leiter des Instituts für Industrielle Fertigung und Fabrikbetrieb (IFF) der Universität Stuttgart, möchte ich für seine wohlwollende Förderung und Unterstützung sowie für die wertvollen Hinweise zu dieser Arbeit danken.

Herrn Professor Dr.-Ing. Dr. h. c. W. König danke ich für seine Bereitschaft zur kritischen Durchsicht des Manuskripts und für die Übernahme des Mitberichts.

Ferner danke ich allen Mitarbeitern des Instituts, die mich bei der Durchführung der Untersuchungen und der Anfertigung der Arbeit unterstützt haben. Mein besonderer Dank gilt den Herren Dr.-Ing. K. Zerweck und Dipl.-Ing. (FH) T. Bolch. Ebenso möchte ich mich bei Frau C. Rüdinger und den Herren Dipl.-Ing. W. Rüdinger, cand.-ing. K. Renner, Dipl.-Ing. J. Hof sowie cand.-ing. F. Maier bedanken, die in besonderem Maß zum Gelingen der Arbeit beigetragen haben.

Stuttgart 1983   Harald Müller

0.2   <u>Formelzeichen und Abkürzungen</u>

			Seite
A	%	Bruchdehnung	40
a	mm	Probendicke	41
b	mm	Probenbreite	41
c	ml/l	Zusatzgehalt	88
DTA		Differentialthermoanalyse	43
d_S	mm	Durchmesser der Spühlbohrung	68
d_{WSt}	mm	Werkstückdurchmesser	68
d_{WZ}	mm	Elektrodendurchmesser (Werkzeug)	68
E-Cu		Elektrolytkupfer	28
F	N	Prüfkraft	40
f_p	1/min	Impulsfrequenz	64
HV		Vickers-Härte	40
h_{WZ}	mm	Elektrodenhöhe (Werkzeug)	68
h_{WSt}	mm	Werkstückhöhe	68
i	A	Entladestrom (zeitlicher Verlauf)	63
i_E	A/dm²	Stromdichte beim Beschichten	103
i_e	A	Entladestrom	63
$\bar{i}_e$	A	mittlerer Entladestrom	63
K	%	relative Widerstands- erhöhung (elektrisch)	49
K_E	mm³/(min·%)	Abtragverhältnis	66

			Seite
l_A	mm	Aufmaß	98
l_B	mm	Gravurtiefe	98
l_C	mm	Versuchslänge	41
l_G	mm	Gesamtlänge	41
l_T	mm	Erodiertiefe	98
l_{Tmax}	mm	erreichte Erodiertiefe	89
l_0	mm	Anfangsmeßlänge	41
m_L	mg	Masse in Luft	43
m_W	mg	Masse in Wasser	43
Q	l/h	Durchflußmenge	65
q	Ah	Ladungsmenge	34
q_V	Ah/l	Durchsatz	34
R_a	µm	Mittenrauhwert	67
R_m	N/mm²	Zugfestigkeit	40
R_z	µm	gemittelte Rauhtiefe	67
R_1, R_2	µΩ	elektrischer Widerstand bei der Temperatur T_1 und T_2	45
r	mm	Kantenradius	114
r_K	mm	Kantenabrundung	67
s	mm	Schichtdicke	102
$\bar{s}$	mm	mittlere Schichtdicke	125
s_{min}	mm	Mindestschichtdicke	37
T	°C	Temperatur	46
T_E	°C	Elektrolyttemperatur	84

			Seite
T_R	°C	Erstarrungspunkt	53
T_S	°C	Schmelzpunkt	53
t	µs	Zeit	63
t_B	d	Beschichtungsdauer	103
t_e	µs	Entladungsdauer	63
t_i	µs	Impulsdauer	63
t_p	µs	Periodendauer	64
t_0	µs	Pausendauer	64
ΔU	µV	Spannungsabfall	47
u	V	Entladespannung	63
$\bar{u}_e$	V	mittlere Entladespannung	63
$\hat{u}_i$	V	Leerlaufspannung	63
V	l	Elektrolytvolumen	34
V_E	mm³/min	Verschleißrate	66
V_W	mm³/min	Abtragrate	66
WSt		Werkstück	27
WZ		Werkzeugelektrode	27
W_e	J	Entladeenergie	63
z	µ Ω cm	Widerstandserhöhung	45
α	1/K	Temperaturkoeffizient	46
α_K	°	Konturneigungswinkel	98
θ	%	relativer Verschleiß	66

EINLEITUNG

Die Notwendigkeit, metallische Werkstoffe mit hoher Festigkeit, Härte und hohem Verschleißwiderstand zu bearbeiten, hat der Funkenerosion zu einer großen Verbreitung in der industriellen Praxis verholfen und zu einem hohem Entwicklungsstand dieser Technologie geführt.

Die Möglichkeit, komplizierte Geometrien zu bearbeiten, hat die Funkenerosion besonders im Bereich des Werkzeugbaus zu einem sehr wichtigen Bearbeitungsverfahren gemacht /1/. Für die Fertigung von Hohlformwerkzeugen (Definition in /2, 3/) wird das funkenerosive Senken eingesetzt, das eine Variante der funkenerosiven Bearbeitungsverfahren darstellt (Bild 1).

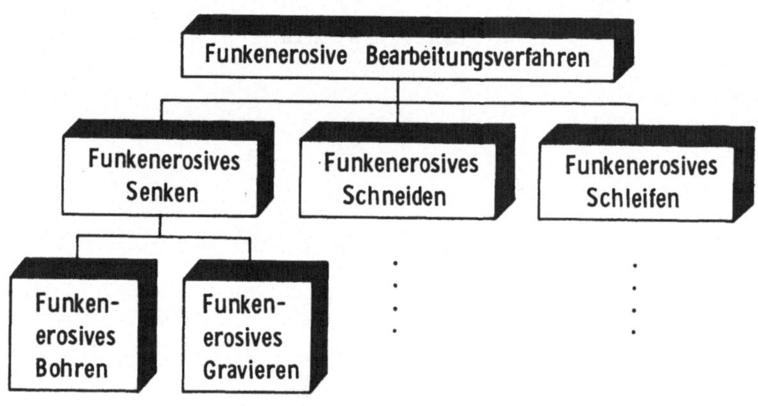

Bild 1: Gliederung der funkenerosiven Bearbeitungsverfahren nach /4/

Das funkenerosive Senken ist ein abbildendes Fertigungsverfahren, bei dem die mittlere Relativbewegung zwischen Werk-
zeugelektrode und Werkstück mit der Vorschubbewegung zusam-
menfällt. Während das funkenerosive Bohren zum Herstellen
von Durchbrüchen benutzt wird, dient das funkenerosive Gravieren zur Bearbeitung von Raumformen.

Wenn man das funkenerosive Gravieren anwendet, sind geeignete Formelektroden bereitzustellen. Als Elektrodenwerkstoffe haben insbesondere Graphit und Kupfer aufgrund ihrer
günstigen Werkstoffkennwerte (z.B. hohe elektrische und
thermische Leitfähigkeit) große Bedeutung erlangt.

Graphit wird praktisch nur mit spanenden Verfahren bearbeitet, wobei das Formfeilen eine zunehmende Bedeutung ge-
winnt /5/. Kupferelektroden können durch Urformen, Umformen,
Trennen und Fügen hergestellt werden. Sie werden sowohl für
die Schrupp- als auch für die Schlichtbearbeitung eingesetzt, eignen sich aber besonders für das Erodieren mit
niedriger Entladeenergie /6/.

Bei der Auswahl des geeigneten Fertigungsverfahrens für
Elektroden sind im wesentlichen wirtschaftliche und ferti-
gungstechnische Einflußfaktoren zu berücksichtigen (Bild 2)
/7/.

Von den urformenden Fertigungsverfahren hat sich besonders
die Galvanoformung für die Herstellung von Kupferelektroden
bewährt. In vielen Bereichen des Werkzeugbaus werden galvanogeformte Elektroden seit längerer Zeit erfolgreich verwendet, so z.B. bei der Herstellung von Karosseriewerkzeugen
/8/. Grundlegende Untersuchungen haben die Herstellung
selbst großer Elektroden (Arbeitsfläche $> 0,5$ m^2) ermöglicht
/9/.

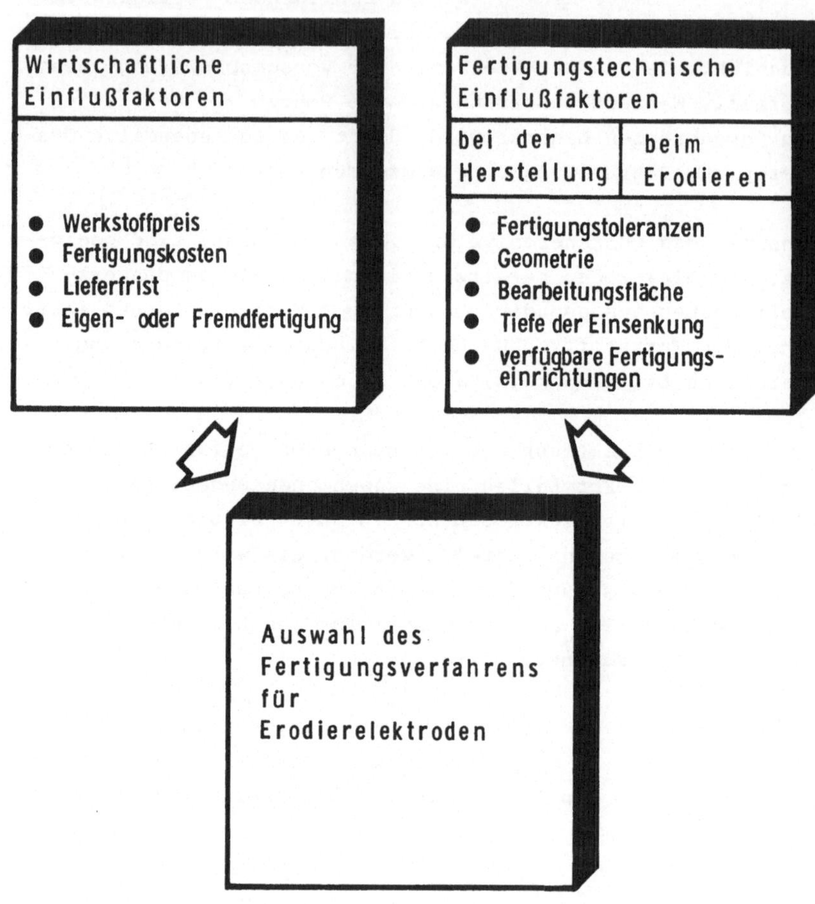

Bild 2: Einflußfaktoren bei der Auswahl des Fertigungs- verfahrens für Erodierelektroden

Bei der Galvanoformung wird eine Kupferschicht elektrolytisch auf einem Negativmodell abgeschieden, mit einem Hinterbau versehen und vom Modell getrennt. Die dazu benötigten
Fertigungseinrichtungen und Fachkenntnisse sind meist beim
Werkzeugbauer nicht vorhanden, so daß der Fremdbezug von
galvanogeformten Elektroden üblich ist.

Probleme, die sich beim Einsatz der neuen Technologie in
einigen Fällen ergaben, haben bei manchen Werkzeugbauern zu
einer Abneigung gegenüber galvanogeformten Elektroden geführt. Es war und ist eine gewisse Unsicherheit vorhanden,
wo die Einsatzgrenzen galvanogeformter Elektroden liegen
und mit welchen Erodierbedingungen gearbeitet werden soll.
Außerdem stellt sich häufig die Frage, inwieweit sich galvanisch hergestellte Elektroden von Elektroden aus metallurgisch hergestelltem Kupfer unterscheiden.

Bei der galvanischen Herstellung können die Werkstoff- und
Werkstückeigenschaften mit Hilfe galvanotechnischer Maßnahmen in weiten Bereichen verändert werden. Wenn bekannt wäre,
welche Eigenschaften eine galvanogeformte Elektrode aufweisen muß, damit sie erfolgreich zum Erodieren verwendet
werden kann, wäre der Galvaniseur in der Lage, Elektroden zu
liefern, die voll auf die Beanspruchung beim Erodieren zuge-
schnitten sind.

Das Haupteinsatzgebiet des funkenerosiven Senkens liegt in der Einzelfertigung. Als Produktionsverfahren für größere Stückzahlen wird die Funkenerosion bisher nur für Spezialzwecke eingesetzt, z.B. bei der Bearbeitung schwer zerspanbarer Werkstoffe in der Luft- und Raumfahrttechnik.

Das funkenerosive Senken war in den letzten Jahren Gegenstand zahlreicher Veröffentlichungen /10/. Besonders im Bereich der Optimierung der Generatoren und Maschinen sowie bei der Automatisierung des Prozeßablaufes wurden große Fortschritte erreicht. Dadurch werden die Einsatzmöglichkeiten des Erodierens weiter verbessert, und es eröffnen sich neue Fertigungsmöglichkeiten bei der Produktion von Kleinserien. Eine umfassende Übersicht über die Arbeiten auf diesem Gebiet wird von Enning /11/ gegeben.

Wesentliche Voraussetzung für eine weitere Verbreitung der Funkenerosion ist die Bereitstellung geeigneter Elektroden. Die Herstellung von Graphitelektroden aus optimierten Graphitwerkstoffen sowie durch den Einsatz neuer Bearbeitungsverfahren wird in mehreren Veröffentlichungen /12-15/ beschrieben. Über den Einsatz der Galvanoformung zur Elektrodenfertigung aus Kupfer sind dagegen seit 1976 keine Veröffentlichungen anderer Autoren zu finden /16/.

Allgemein wird bei der Galvanoformung von Erodierelektroden folgendermaßen vorgegangen (Bild 3):

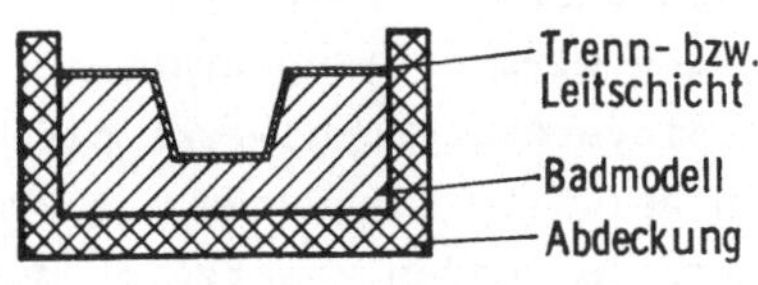

MODELLHERSTELLUNG UND -VORBEREITUNG

- Abformen vom Urmodell oder spanende Herstellung
- Anbringen von Abdeckungen
- Aufbringen einer Trenn- bzw. Leitschicht
- evtl. Einbau von Ausformhilfen

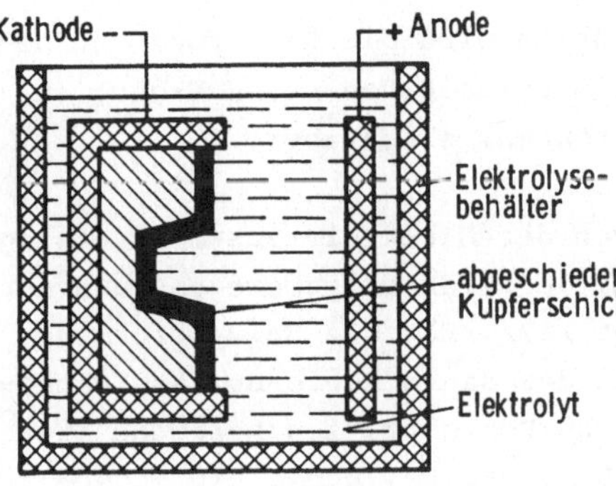

ELEKTROLYTISCHE ABSCHEIDUNG

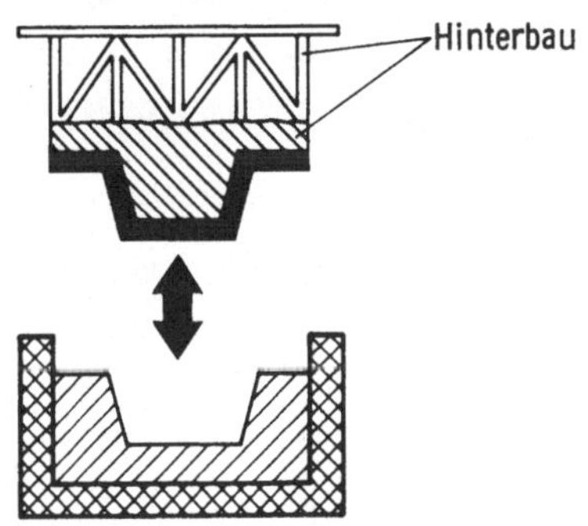

HINTERBAUEN UND ENTFORMEN

- Anbringen des Hinterbaus
- Trennen vom Badmodell
- evtl. Nachbearbeiten

Bild 3: Herstellung einer Erodierelektrode durch Galvanoformung nach /9/

Zunächst wird ein Badmodell mit einer elektrisch leitenden
Schicht versehen und es werden entsprechende Abdeckungen angebracht. Das Abscheiden einer Kupferschicht mit einer Mindestschichtdicke von ca. 2 mm erfolgt meist in schwefelsauren
Kupferelektrolyten bei Raumtemperatur. Zur Versteifung und
zum Verbessern der Wärmeableitung wird die Kupferschale mit
einem Hinterbau versehen. Als Hinterfütterungswerkstoffe
haben sich mit Metallpartikeln gefüllte Gießharze auf Epoxid-
harzbasis bewährt. Große Elektroden werden zusätzlich mit
einem Gerüst aus Stahl versehen.

Nach dem Entfernen des Badmodells wird die Elektrode nachbearbeitet. Sie ist nach einer Liegezeit von ca. 2 Tagen, in
der sich Spannungen abbauen können, einsatzbereit.

Die Metallabscheidung wird von der Elektrolytzusammensetzung
sowie den Stromverhältnissen, der Elektrolytbewegung und der
Elektrolyttemperatur bestimmt /17/. Für die Galvanoformung
mit Kupfer wird am häufigsten der saure Kupfersulfatelektro-
lyt verwendet /18, 19/. Übliche Konzentrationsbereiche liegen
bei einem Kupfergehalt von 15 bis 60 g/l und einem Schwefelsäuregehalt von 40 bis 220 g/l /20, 21/. Besonders bei
Bädern mit niedrigem Metallgehalt und hohem Schwefelsäuregehalt ergibt sich eine günstige Schichtdickenverteilung. Hoher
Schwefelsäuregehalt bewirkt eine Erhöhung der Leitfähigkeit
und soll auch eine Kornverfeinerung bewirken /22 -24/. Die
Grenzen der Erniedrigung des Metallgehaltes sowie der Erhöhung des Schwefelsäuregehaltes werden durch die inneren
Spannungen festgelegt /9, 24/.

Zur Messung der inneren Spannungen sind in der Literatur
viele Verfahren beschrieben /25 - 28/. In der Praxis wird
vielfach ein dünnes Metallblech einseitig beschichtet. Seine
Verformung erlaubt die Beurteilung der inneren Spannungen
/29/.

Als geeignete Elektrolyttemperatur wird der Bereich von 20 bis 45 °C angegeben. Der zulässige Stromdichtebereich reicht bis zu 5 A/dm². Üblicherweise wird jedoch eine Stromdichte von 1 A/dm² gewählt, weil damit eine bessere Metallverteilung und geringe innere Spannungen erreicht werden /9, 18/. Außerdem kann bei niedriger Stromdichte vielfach auf eine Badbewegung verzichtet werden.

Neben der anorganischen Grundzusammensetzung enthalten die Elektrolyte organische Zusätze sowie Verunreinigungen bzw. Fremdstoffe. Organische Stoffe, die häufig zusammen mit Chloridionen dem Elektrolyt in geringen Konzentrationen zugesetzt werden, sind im wesentlichen Kornverfeinerer und grenzflächenaktive Substanzen /30/. Sie werden eingesetzt, um glänzende, einebnende und porenfreie Metallschichten zu erhalten und beeinflussen die inneren Spannungen, das Gefüge sowie weitere Werkstoffeigenschaften. Eine umfassende Literaturübersicht gibt das AES Research Project No. 21 /31/.

Neben der kathodischen Entladung finden an der Kathode Reduktionsreaktionen dieser Elektrolytzusätze statt. Auch treten auf der Kathode physikalische Adsorptionsvorgänge ein, die zu einer mehr oder weniger weitgehenden partiellen Bedeckung der Kathode führen. Die adsorbierten Stoffe beschleunigen (Katalysator) oder hemmen (Inhibitor) die Metallabscheidung /32/. Die Adsorption dieser nichtmetallischen Zusätze kann irreversibel sein, so daß sie bei der Elektrokristallisation zu Inkorporation in der galvanischen Schicht führt. In gleicher Weise wirken schwer lösliche Komplexsalze, die sich erst während der Elektrolyse, teilweise unter Mitwirkung der kathodischen Reduktionsvorgänge, bilden /33/.

Durch alle diese Vorgänge können die Kristallisationsvorgänge
und die davon abhängigen Eigenschaften des abgeschiedenen
Metalls beeinflußt werden /34/. So sind z.B. galvanische
Kupferschichten durch kleine Korngrößen, kleine Kristallit-
größen sowie eine hohe Zahl von Gitterbaufehlern gekennzeich-
net, wodurch ihre Eigenschaften stark von denen metallurgisch
hergestellten Kupfers abweichen können /35/.

Die Vorgänge bei der elektrolytischen Entladung sind äußerst
kompliziert. Die entscheidenden Vorgänge finden unmittelbar
vor der Kathode in der Doppelschicht (Dicke 10^{-8} m bis
10^{-9} m) und der Diffusionsschicht (Dicke 10^{-4} bis 10^{-6} m)
statt /36, 37/. Da man nicht in der Lage ist, diese Um-
setzungs- und Einbauprozesse vor der Kathode analytisch zu
verfolgen, werden normalerweise die Elektrolyte im homogenen
Elektrolytraum untersucht.

Um bei der Elektrodenfertigung eine gleichbleibende Qualität
zu erhalten, sollten die Arbeitsbedingungen und die Elektrolytzusammensetzung konstant gehalten werden. Möglichkeiten
zur Konstanthaltung und analytischen Überwachung des Elektrolyts liegen für die anorganische Zusammensetzung vor, für die
organischen Bestandteile und Zersetzungsprodukte sind die
Untersuchungsmethoden noch in der Entwicklung.

Zum Teil wurden Methoden entwickelt, um den Gehalt an organischen Zusätzen im homogenen Elektrolytraum analytisch zu
erfassen. So werden z.B. chromatographische und spektral-
photometrische Bestimmungsmethoden eingesetzt, um Zusätze
oder Zusatzbestandteile zu überwachen und somit Konzentra-
tionsänderungen dieser Substanzen zu bestimmen und entsprechend nachzudosieren. Eine Aussage darüber, ob z.B. die
Abnahme des Zusatzgehaltes durch Einbau in die abgeschiedene
Schicht bedingt ist oder sich Zersetzungsprodukte bilden, die
analytisch nicht oder nur qualitativ erfaßt werden können,
ist meist nicht möglich. Die Zersetzungsreaktionen sind i.a.
unbekannt.

Die Wirkung der organischen Zusätze ist von der Art und Menge
abhängig, die während der elektrolytischen Abscheidung umge-
setzt wird. Es existiert keine allgemeingültige Theorie für
die Zusammenhänge zwischen der Zugabe organischer Zusätze und
den Werkstoffeigenschaften. Es wird voraussichtlich noch
mehrere Jahrzehnte dauern, bis die Theoretiker diejenigen
Phänomene klären können, die heute in der Praxis bekannt sind
/35/. In der Fertigung beschränkt man sich deshalb darauf,
die Wirksamkeit der Zusätze an Probeblechen und -werkstücken
zu kontrollieren /17/.

Beim Erodieren kann die bei der Galvanoformung auftretende
Innenkantenschwäche (Winkelschwäche) zum Versagen der Elektrode führen. Sie wird in mehreren Veröffentlichungen beschrieben /38 - 42/. Durch geometrische Veränderungen am Badmodell, das Anbringen von Hilfsanoden sowie durch eine Kornverfeinerung kann die Winkelschwäche verringert werden /9/.
Inwieweit dadurch günstigere Erodierergebnisse erreichbar
sind, ist nicht bekannt.

Bei der Herstellung von Erodierelektroden sind Werkstoffe
auszuwählen, die sehr gute elektrische Leitfähigkeit besitzen
und auch einen hohen Schmelzpunkt aufweisen /7/. Bei galvanogeformten Erodierelektroden werden zudem die Mindestschichtdicke, die Gefügeausbildung sowie die inneren Spannungen der Kupferschicht als wesentliche Einflußfaktoren
bezeichnet /43/.

Verschiedene Elektrodenwerkstoffe können bei gleichen Werk-
stückwerkstoffen und Einstellparametern beim Erodieren zu
unterschiedlichen Abtrag- und Verschleißkennwerten führen
/43 - 50/. Allgemein gültige Aussagen über die Zusammenhänge
zwischen den Werkstoff- bzw. Bauteileigenschaften und dem
Erodierergebnis liegen jedoch nicht vor. Selbst die funkenerosive Bearbeitung von Reinelementen zur Ermittlung des Ab-
tragverhaltens verschiedener Werkstoffpaarungen läßt keine
für alle Bearbeitungsbedingungen gültige Aussage zu /51/.

Zudem betreffen die entsprechenden Untersuchungen /43 - 50/
nur Elektroden aus metallurgisch hergestelltem Vollmaterial.
Über den Einsatz galvanisch hergestellter Elektroden berich-
ten nur wenige Autoren /9, 13, 52/.

AUFGABENSTELLUNG UND ABGRENZUNG DES UNTERSUCHUNGSBEREICHES

Bei der Herstellung von Kupferelektroden durch Galvanoformen kann der Galvaniseur die Werkstoff- und Werkstückeigenschaften durch Ändern galvanotechnischer Parameter beeinflussen. Es wird ermittelt, welche Auswirkungen beim Erodieren festzustellen sind (Bild 4).

	Elektroden-geometrie	ermittelte Elektroden-eigenschaften	ermittelte Kennwerte beim Erodieren
UNTERSUCHEN DER WERKSTOFF-EIGENSCHAFTEN	Plattenelektrode WZ(+) ⌀ 40 mm WSt ⌀ 8 mm	• physikalische Eigenschaften • mechanisch-technologische Eigenschaften • Gefügeeigenschaften	• Abtragrate • rel. Verschleiß
UNTERSUCHEN DER BAUTEIL-EIGENSCHAFTEN	Napfelektrode WZ(+) ⌀ 40 mm WSt ⌀ 8 mm	• Schichtdicken-verteilung • Gefügeeigen-schaften (Winkelschwäche)	• Abtragrate • rel. Verschleiß • erreichbare Erodiertiefe (Versagensursachen) • Kantenabrundung

Bild 4: Untersuchte Eigenschaften und Kenngrößen

Im einzelnen werden folgende Untersuchungsschritte durchgeführt:

- Ermitteln der Werkstoffeigenschaften galvanisch hergestellter Elektroden und Durchführen von Erodierversuchen (Abschnitte 4 und 5).

  Im ersten Teil der Untersuchungen werden die Werkstoffeigenschaften von galvanisch hergestellten Kupferschalen
  bestimmt und mit denen von Kupferhalbzeug (E-Cu) verglichen. Zudem werden die Abtragkennwerte der verschiedenen
  Werkstoffe einander gegenübergestellt. Es wird geklärt,
  ob bestimmte Werkstoffeigenschaften zu besonders günstigen
  Erodierergebnissen führen und welche Einflußgrößen auf die
  Rißbildung an der Anodenoberfläche entscheidend einwirken.

- Untersuchen fertigungstechnischer Einflußfaktoren
  (Abschnitt 6)

  Im zweiten Schritt werden zusätzlich Bauteileigenschaften
  untersucht, die für die galvanische Fertigung von Elektroden typisch sind. Für ausgewählte Elektrolyte sind neben
  der Abtragrate und der Verschleißrate die erreichbare
  Erodiertiefe bis zum Versagen (Standzeit) der Elektrode
  und die Versagensursachen festzustellen. Um unterschiedliche Werkstoff- und Bauteileigenschaften zu erhalten,
  werden die Herstellbedingungen der Elektroden (Elektrolytzusammensetzung, organischer Zusatzgehalt, Beschichtungsdauer) variiert.

- Untersuchen der Einsatzgrenzen galvanogeformter
  Elektroden (Abschnitt 7)

Für einen der ausgewählten Elektrolyte wird die Abhängigkeit der in Abschnitt 6 ermittelten Werte von der Einstellung der Erodieranlage bestimmt. Als zusätzliche Beurtei-
lungskriterien werden der Kantenverschleiß der Elektrode
sowie die Oberflächengüte des Werkstücks herangezogen.
Erodierversuche mit spanend hergestellten Kupferelektroden
dienen als Vergleichsgrundlage.

Mit Hilfe der Ergebnisse werden Hinweise erarbeitet, welche
Eigenschaften galvanogeformte Elektroden aufweisen müssen, um
erfolgreich eingesetzt zu werden.

ERMITTELN DER WERKSTOFFEIGENSCHAFTEN
DES ABGESCHIEDENEN KUPFERS

Mit verschiedenen Kupferelektrolyten werden Erodierelektroden und Proben hergestellt und deren Eigenschaften bestimmt
(Bild 5). Mit Erodierversuchen wird das Abtrag- und Ver-
schleißverhalten der Elektroden untersucht. Es soll festgestellt werden, ob bestimmte Eigenschaften ein günstiges
Erodierverhalten bewirken.

Die Eigenschaftsuntersuchung soll außerdem ermöglichen, die
Elektrolyte zu unterscheiden und zu charakterisieren, da die
in der Literatur gemachten Angaben oft nicht oder nur unzureichend vergleichbar sind.

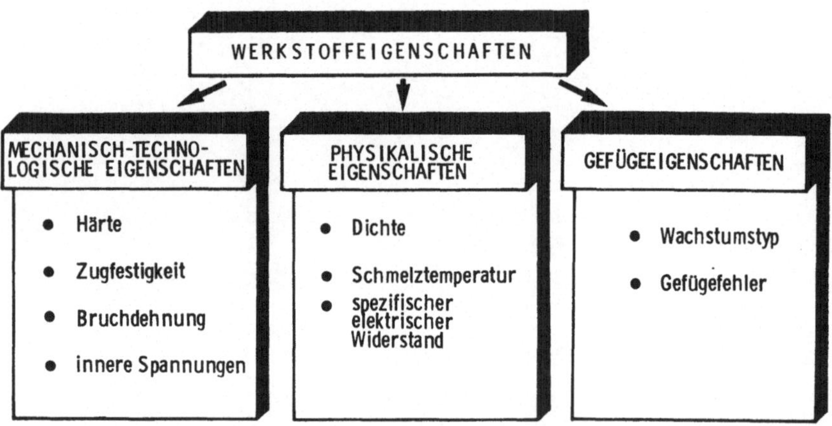

Bild 5: Übersicht der untersuchten Werkstoffeigenschaften

Die mechanisch-technologischen Eigenschaften sowie die Gefügeeigenschaften zählen im Bereich der Galvanotechnik zu den
gängigen Untersuchungsmethoden. Ebenso die Dichte und inneren

Spannungen. Die Dichte wird außerdem zur Berechnung des
Elektrodenverschleißes benötigt. Für den Einsatz des abgeschiedenen Kupfers als Erodierelektrode ist die Wärmeleitfähigkeit, die elektrische Leitfähigkeit sowie die Schmelz-
temperatur entscheidend /7/.

Die Wärmeleitfähigkeit und die elektrische Leitfähigkeit
(Kehrwert des spezifischen elektrischen Widerstandes) beruhen
auf demselben Mechanismus (freie Leitungselektronen, Gitter-
schwingungen). Deshalb wird auf die Messung der Wärmeleitfähigkeit verzichtet. Sie könnte mit Hilfe des Wiedemann-
Franzschen-Gesetzes berechnet werden /53/.

Zum Vergleich werden bei der Darstellung der Versuchsergeb-
nisse die Kennwerte von Elektrolytkupfer (E-Cu) angegeben.
Diese sauerstoffhaltige Kupfersorte wird durch elektrolyti-
sche Raffination gereinigt und durch Ur- oder Umformen zu
Halbzeug verarbeitet. Ihre Zusammensetzung entspricht den in
DIN 1708 /54/ festgelegten Werten:

$$\text{Kupfer} \cong 99{,}90 \text{ Gew.-\%}$$
$$\text{Sauerstoff } 0{,}005 \text{ bis } 0{,}040 \text{ Gew.-\%}$$

Die in die Diagramme eingezeichneten Eigenschaftswerte sind
Herstellerangaben für das bei den Versuchen verwendete Elektrolytkupfer /55/. Für einige Versuche werden die Werkstoffeigenschaften von reinem Kupfer (Cu > 99,998 Gew.-%) als
Vergleichsgrundlage verwendet.

4.1 Elektrolytzusammensetzung

Zur Herstellung der Versuchselektroden und Versuchswerkstücke werden schwefelsaure Kupferelektrolyte ausgewählt. Sie weisen gegenüber Pyrophosphat und Fluoroborat-Elektrolyten Vorteile auf, die zu einer weiten Verbreitung dieses Elektrolyttyps geführt haben (Bild 6).

EIGENSCHAFTEN SCHWEFELSAURER KUPFERELEKTROLYTE

- niedrige Elektrolyttemperatur
- niedrige Energiekosten
- niedrige Chemikalienkosten
- einfache Badkontrolle
- geringe Abwasserprobleme
- ausreichende Streufähigkeit
- niedere innere Spannungen

Bild 6: Vorteile schwefelsaurer Kupferelektrolyte

Die Elektrolyteigenschaften werden durch die Elektrolytzusammensetzung bestimmt. Man unterscheidet zwischen dem anorganischen Elektrolytanteil (sogenannter "Grundansatz") und den überwiegend organischen Elektrolytzusätzen.

Die schwefelsauren Grundelektrolyte sind einfach zusammengesetzt. Zu einer Lösung von reinem kristallisiertem Kupfer-II-sulfat ($CuSO_4 \cdot 5H_2O$) wird Schwefelsäure zugesetzt. Bei fast allen Elektrolyten ist die Zugabe von Chlorid vorgeschrieben, um eine optimale Wirkung der organischen Zusätze zu erreichen /56/. Die Zudosierung erfolgt in Form von reinem Natriumchlorid.

Änderung der Elektrolyteigenschaften in der vorliegenden
Untersuchung:
Für das Auslegen des Versuchsprogramms und die Auswertung der
Versuche ist die Wahl der Elektrolytzusammensetzung wichtig
und nicht unproblematisch, denn es sollten Elektrolyte
gewählt werden, die eine deutliche Wirkung auf die Zielgrößen
(Werkstoffeigenschaften und Abtragkenngrößen) haben.

Für den betrieblichen Einsatz steht im betrachteten Ferti-
gungsbereich eine große Zahl handelsüblicher Kupferelektrolyte zur Verfügung.

Für die Untersuchungen sind Elektrolyte ausgewählt worden,
die von Fachfirmen entwickelt wurden.Deshalb kann davon ausgegangen werden, daß die anorganischen und organischen Elek-
trolytbestandteile aufeinander abgestimmt sind. Um die Elektrolytzusammensetzung so zu optimieren, daß bestimmte Forderungen (z.B. minimale innere Spannungen, Einebnung) erfüllt
werden, ist eine große Anzahl von Versuchen notwendig. Durch
die gewählte Vorgehensweise kann somit ein wesentlich brei-
teres Spektrum von Elektrolytzusammensetzungen erfaßt werden,
als es durch eigene Versuche zur Elektrolytkombination
möglich wäre.

Es ist nicht üblich, daß die Zusammensetzung der organischen
Zusätze von den Fertigungsbetrieben geändert wird oder neue
Zusätze entwickelt werden. Es besteht dagegen für die
Fertigung die Möglichkeit, aus dem Angebot der Fachfirmen,
den hinsichtlich der geforderten Eigenschaften, bestge-
eigneten Elektrolyttyp auszuwählen.

Aus diesem Grund wird in dieser Untersuchung gezeigt, wie
sich Elektrolyte, die in der Fertigungstechnik eingesetzt
werden, hinsichtlich der entstehenden Eigenschaften der abgeschiedenen Schicht sowie beim Erodieren unterscheiden. Die
Elektrolyte, das Kupfer und die Elektroden, die damit abgeschieden wurden, werden mit Großbuchstaben bezeichnet (Bild 7).

Bezeichnung	A	B	C	D	E	F	G	H	I	K	L
Kupfergehalt in g/l	60	20	20	50	20	30	60	50	20	20	60
Schwefelsäuregehalt in g/l	120	90	180	55	180	220	55	45	180	180	55
Chloridionengehalt in mg/l	50	90	50	30	50	45	24	30	60		

Bild 7: Elektrolytzusammensetzungen

Die Elektrolyte A bis I enthalten organische Elektrolytzusätze.
Dabei handelt es sich um Netzmittel, Glanzbildner, Feinkorn-
zusätze und Einebner. Es ist nicht bekannt, um welche Substanzen es sich im einzelnen handelt. Die Stoffe werden in der vom
Hersteller gelieferten Form und der vorgeschriebenen Konzentration zugegeben. Da die Zusätze teils flüssig, teilweise aber
auch pulverförmig vorliegen, ist die Angabe der Zugabemenge
nicht vergleichbar. Außerdem ist der jeweilige Gehalt an Wirk-
zusätzen, die sich in den gelieferten Lösungen bzw. Festsub-
stanzen befinden, nicht bekannt. Eine Nachdosierung während der
Abscheidung erfolgt nicht. Die Elektrolyte werden nach einem
Durchsatz q_v von 20 Ah/l erneuert. Der Durchsatz ist der
Größenquotient Ladungsmenge q durch Elektrolytvolumen V.
Elektrolyt K enthält keine organischen Zusätze und dient nur
für Untersuchungen mit grundsätzlicher Bedeutung. Elektrolyt L
wurde nachträglich mit in die Untersuchungen in Abschnitt 6
einbezogen.

Während die Zusammensetzung der organischen Elektrolytzusätze
meist nicht verändert wird, ist es in den Fertigungsbetrieben
teilweise möglich, die Zugabemenge zu variieren, um die
Elektrolyte an die betrieblichen Forderungen anzupassen. Der
Einfluß der Zugabemenge verschiedener ausgewählter Zusätze wird
deshalb untersucht (Abschnitt 6).

4.2   <u>Durchführung der Untersuchungen</u>

Die Ermittlung der Werkstoffeigenschaften und die Bestimmung
der elektroerosiven Kennwerte sollte möglichst an Probengeo-
metrien durchgeführt werden, die unter gleichen Bedingungen
abgeschieden wurden. In Anlehnung an die zur Prüfung der Ero-
dierfähigkeit festgelegten Vollelektroden /7/ werden zylindrische Kupferscheiben hergestellt, an denen die Werkstoffeigenschaften ermittelt werden. Sofern dies nicht möglich
ist, werden die Untersuchungen an Kupferfolien durchgeführt
(Bild 8).

PROBE	KUPFERSCHEIBE	KUPFERFOLIE
Probengeometrie	Kreiszylinder	Rechteckplatte
Probendurchmesser in mm	40	
Probenlänge in mm		100
Probenbreite in mm		65
Mindestschichtdicke in mm	2	0,035
ERMITTELTE WERKSTOFF- EIGENSCHAFTEN	● Härte ● Dichte ● Schmelzpunkt ● Erstarrungspunkt ● innere Spannungen[*] ● Gefüge	● Zugfestigkeit ● Bruchdehnung ● spez. elektrischer Widerstand ● innere Spannungen[*]

[*] nur qualitativ bestimmt

Bild 8: Proben zur Ermittlung der Werkstoffeigenschaften

Um bei der Probenherstellung eine weitgehend konstante Elektrolytzusammensetzung zu haben, werden zuerst zwei Kupferfolien abgeschieden und anschliessend im gleichen Elektrolyt
die Kupferscheiben. Da für die Folienherstellung nur eine
geringe Ladungsmenge erforderlich ist, ergibt sich dadurch
keine wesentliche Änderung des Elektrolytzustandes. Für die
Herstellung weiterer Kupferscheiben und -folien wird ein neu
angesetzter Elektrolyt verwendet.

4.2.1   <u>Arbeitsbedingungen und Probenherstellung</u>

Die Herstellung der ausgewählten Proben erfolgt in einem für
die Galvanoformung geeigneten Versuchsaufbau (Bild 9).

Die benötigten Kupferscheiben sowie die Kupferfolien werden
mit weitgehend gleichen Versuchsbedingungen hergestellt
(Bild 10). Die Arbeitsbedingungen werden so gewählt, daß für
alle Elektrolyte dieselben Einstellungen verwendet werden
können.

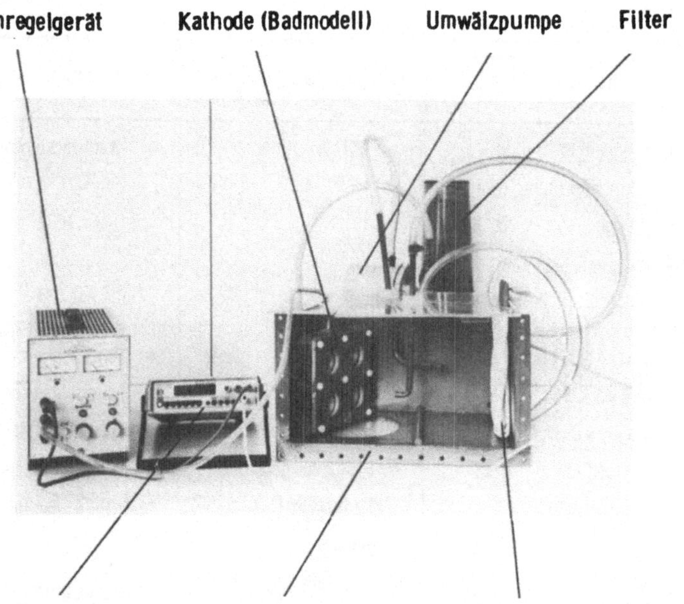

Bild 9: Versuchsaufbau zur Herstellung der Proben bei
        geöffnetem Elektrolytbehälter

HERSTELLBEDINGUNGEN		KUPFERSCHEIBE	KUPFERFOLIE
Stromdichte	in A/dm^2	1	1
Beschichtungsdauer	in h	168	3
Elektrolyttemperatur	in °C	20...25	20...25
Elektrolytvolumen	in l	12	12
Badbewegung	in l/h	60	60
Filtration		kontinuierlich	kontinuierlich
Substrat		elektrochemisch polierte Edelstahl-platte	hochglanzver-nickelte Messing-platte
Wärmebehandlung			
Dauer	in h	2	2
Temperatur	in °C	120	120

Bild 10: Herstellbedingungen der Proben

Als Substrat zur Abscheidung der Kupferfolie dient eine
Messingplatte (65 x 100 x 0,5 mm), die elektrochemisch poliert und hochglanzvernickelt (Schichtdicke 15 - 20 µm) wird.
Für die Messungen wurde in Vorversuchen eine Mindestschichtdicke s_{min} von 35 µm als günstig ermittelt. Zum Abziehen der
Folien von der Messingplatte werden die Kanten abgeschliffen.
Anschließend wird die Folie von der Platte abgehoben. Die
benötigten Probestreifen werden aus der Mitte der Folie
herausgeschnitten (Bild 11). Die Randbereiche der Folie
werden wegen ihrer ungleichen Schichtdicke nicht verwendet.

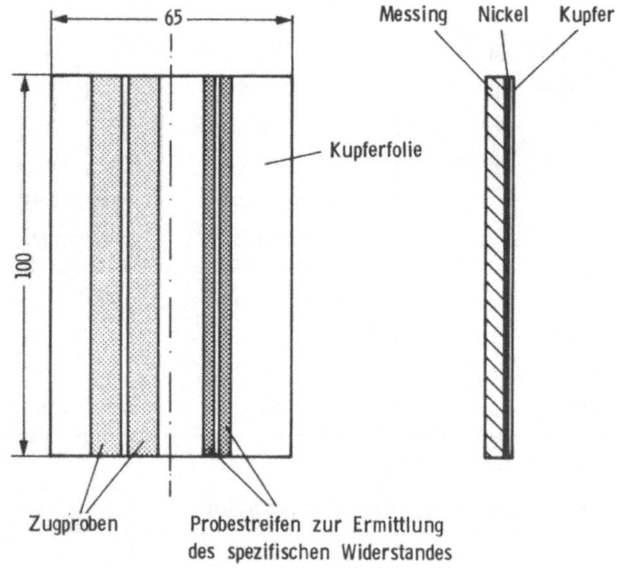

Bild 11: Lage der Probestreifen

Zur Herstellung der Kupferscheiben wird ein mit einer Schablone abgedecktes Edelstahlblech verwendet, von dem die Proben problemlos abgehoben werden können. Es werden gleichzeitig 4 Kupferscheiben abgeschieden, von denen die benötigten Probekörper für die Ermittlung der Werkstoffeigenschaften abgetrennt werden (Bild 12). Die Mindestschichtdicke der Kupferscheiben beträgt 2 mm.

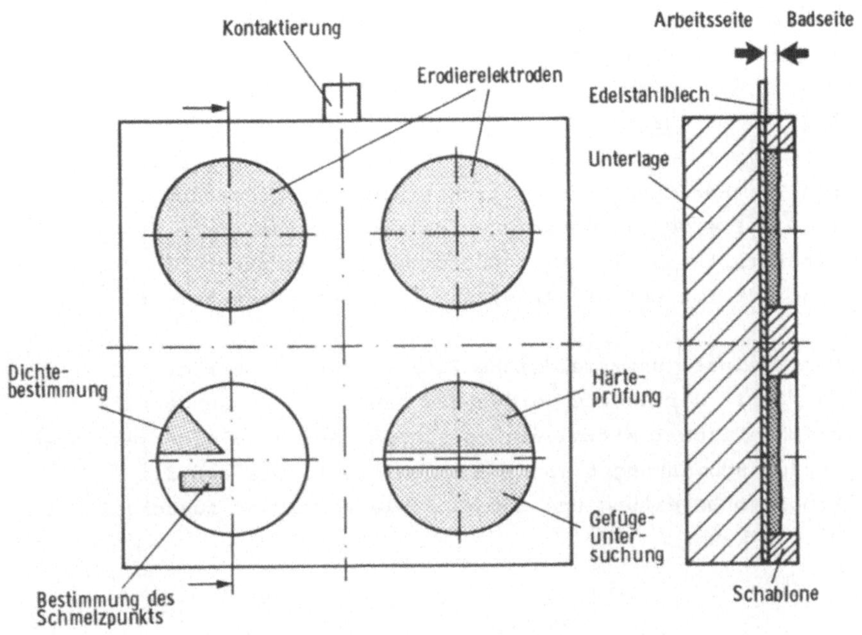

Bild 12: Badmodell zur Herstellung der Kupferscheiben
und Probekörper

In der Praxis werden etwa 14 Tage benötigt, um die Elektroden
mit einem Hinterbau zu versehen und für das Erodieren vorzu-
bereiten. Für den Hinterbau werden meist Epoxidharze verwendet. Beim Aushärten dieser Werkstoffe können Temperaturbe-
lastungen auftreten, die zu einer Änderung der Werkstoffeigenschaften führen /57 - 59/. Deshalb werden die Proben vor
der Versuchsdurchführung einer Wärmebehandlung (2 h, 120 °C)
unterzogen.

4.2.2   Ermitteln der mechanisch-technologischen
           Eigenschaften

4.2.2.1   Härte

Die Härteprüfung erfolgt im Kleinlast-Härtebereich
($2 \text{ N} \leqq F \leqq 50 \text{ N}$). Gewählt wurde die Vickers-Härte HV 0,5
(Prüfkraft 4,9 N) entsprechend DIN 50 133 /60/. Die Härteprü-
fung erfolgt auf der Arbeitsseite der Kupferscheiben.

Der kleinste unvermeidliche Einstellfehler beträgt 0,2 µm
/61/. Die Härtewerte werden aus jeweils 3 Messungen als
arithmetischer Mittelwert berechnet. Bei Vergleichsmessungen
wurden Schwankungen von $\pm$ 2 % ermittelt, was auf die
Probenvorbereitung und andere Fehlereinflüsse zurückgeführt
werden kann.

4.2.2.2   Zugfestigkeit und Bruchdehnung

Die Durchführung der Zugversuche erfolgt in Anlehnung an
DIN 50 114 /62/ und 50 145 /63/. Bestimmt werden die Zugfestigkeit R_m und die Bruchdehnung A. Als Probenform wird
eine Flachprobe mit parallelen Kanten verwendet (Bild 13).

Probleme treten insbesondere bei der Probenvorbereitung auf.
Um genaue Probenabmessungen zu erhalten und um unsaubere
Schnittkanten zu vermeiden, werden die Proben mit Hilfe eines
Schermessers mit Parallelanschlag und Niederhalter von den
Kupferfolien (s. Kap. 4.2.1) abgeschnitten. Die Lage der Zug-
proben in der abgeschiedenen Folie zeigt Bild 11 (Seite 38).

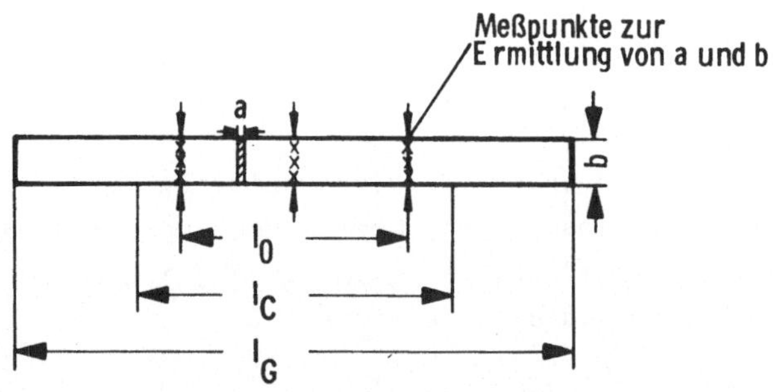

Anfangsmeßlänge l_0	:	40 mm	Probenbreite b :	8mm
Versuchslänge l_C	:	56 mm	Probendicke a :	ca. 0,04 mm
Gesamtlänge l_G	:	100 mm		

Bild 13: Meßpunkte und Abmessungen der Zugproben

Die Zugprüfung erfolgt auf einer Zugprüfmaschine, die den
Anforderungen nach DIN 51 221, Klasse I entspricht /64/.
Die Versuche werden bei Raumtemperatur durchgeführt.

Die Probendicke wird mit einem Meßtaster mit einer Genauigkeit von ± 1 µm gemessen. Zur Ermittlung der Bruchdehnung
werden Meßmarken angebracht. Die Anfangslänge und die Proben-
breite wird auf dem Profilprojektor bei 50-facher Vergröße-
rung bestimmt. Dabei werden Proben mit unsauberen Schnittkanten aussortiert. Die Dehnung der Zugproben erfolgt mit
einer auch in anderen Arbeiten gewählten Geschwindigkeit von
0,5 mm/min /65/. Der Fehler bei der Zugprüfung beträgt
ca. 5 Prozent.

4.2.2.3   Innere Spannungen

Die inneren Spannungen eines galvanischen Überzuges sind
Druck- oder Zugspannungen. Treten hohe innere Spannungen auf,
so besteht die Gefahr, daß sich die abgeschiedene Schicht vom
Badmodell löst und sich verformt.

Bei den hier durchgeführten Versuchen wird auf eine Messung
der inneren Spannungen verzichtet. In der Praxis dürfen die
abgeschiedenen Kupferschichten nicht vom Badmodell abheben.
Deshalb wird nur geprüft, ob die auftretenden Spannungen das
zulässige Maß überschreiten.

Für die Herstellung von Erodierelektroden werden meist Bad-
modelle aus Epoxidharz benutzt, die normalerweise mit Silberleitlack elektrisch leitend gemacht werden. Die inneren Spannungen wirken als Scherkräfte auf die Verbindung von Silberleitlack und Modellwerkstoff. Die maximal auftretenden Span-
nungswerte dürfen deshalb 15 N/mm² nicht überschreiten /9/.
Bei den hier durchgeführten Untersuchungen wird das Kupfer
auf Edelstahl- bzw. auf passiviertem vernickeltem Messing-
blech abgeschieden. Dabei ist die Haftung wesentlich geringer
als bei der Verwendung von Silberleitlack. Sofern bei der
Galvanoformung auf Edelstahl keine Abhebungen auftreten, kann
davon ausgegangen werden, daß die inneren Spannungen unter-
halb des für die Praxis kritischen Wertes liegen.

4.2.3   Ermitteln der physikalischen Eigenschaften

4.2.3.1   Dichte

Die Abtragrate und die Verschleißrate beim Erodieren werden
über eine Wägung bestimmt. Um die abgetragenen Volumina er-
rechnen zu können, muß die Dichte bekannt sein.

Die Dichtebestimmung erfolgt mit Hilfe der hydrostatischen
Waage. Aus den Kupferscheiben werden Segmente mit einer
Fläche von etwa 5 cm² ausgeschnitten. Deren Massen werden in
Luft (m_L) und Wasser (m_W) mit einer Feinanalysenwaage mit
einer Genauigkeit von 0,5 mg ermittelt und die Dichte des
Kupfers ρ_{Cu} wird berechnet.

4.2.3.2   Schmelz- und Erstarrungspunkt

Die Schmelz- und Erstarrungstemperatur wird mit Hilfe der
Differentialthermoanalyse (DTA) bestimmt. Das Prinzip der DTA
beruht auf der Messung von Wärmereaktionen beim Aufheizen und
Abkühlen. Die zu untersuchende Probe und ein Vergleichswerk-
stoff (Tantal) wird in einer Helium-Atmosphäre bei einem
Druck von 67 kPa aufgeheizt und die Temperaturdifferenz
zwischen beiden Werkstoffen gemessen (Bild 14). Die Abmessungen der Kupferprobe richten sich nach den Maßen des Tie-
gels. Sie betragen 5 x 2 x 2 mm.

Tantal zeigt im interessierenden Bereich einen linearen Tem-
peraturanstieg, so daß jede Reaktion der Kupferprobe eine
Temperaturdifferenz bewirkt. Diese Abweichung wird kontinuierlich in Abhängigkeit von der Probentemperatur registriert
(Bild 15). Eine Spitze nach unten gibt eine endotherme Reaktion (Schmelzpunkt) an, ein Ausschlag nach oben in Richtung
des Temperaturanstiegs eine exotherme Reaktion (Erstarrungspunkt).

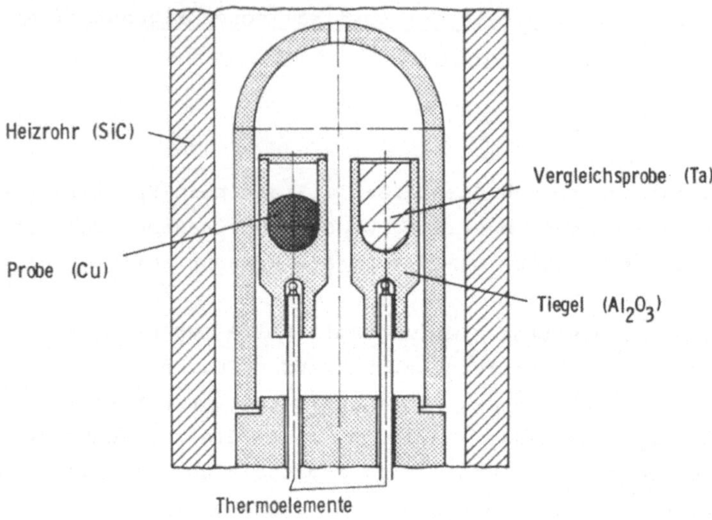

Bild 14: Meßkopfanordnung bei der Differentialthermoanalyse

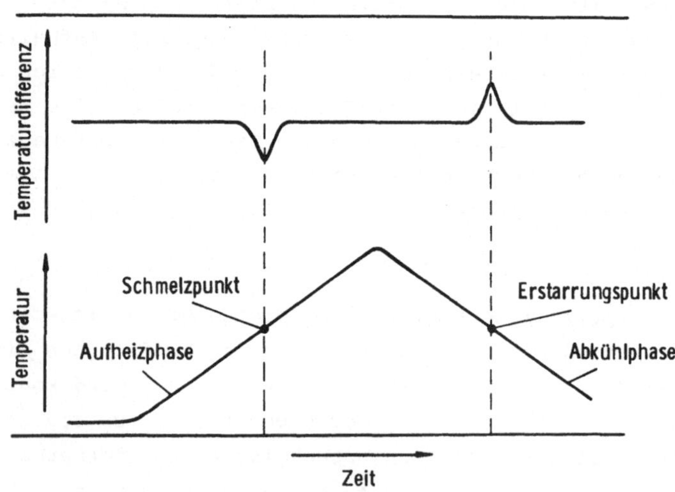

Bild 15: DTA-Kurve

4.2.3.3   Spezifischer elektrischer Widerstand

Für den spezifischen elektrischen Widerstand eines nicht
magnetischen Metalles gilt die Matthiessen'sche Regel /66/.
Ihre Anwendung im untersuchten Temperaturbereich
(20 ... 100° C) ist zulässig /67/.

$$\rho_T = \rho_0 + \rho_i(T)$$

ρ_T spezifischer elektr. Widerstand

ρ_0 Restwiderstand

$\rho_i(T)$ idealer spezifischer Widerstand

Der Restwiderstand ρ_0 ist eine temperaturunabhängige Größe,
deren Ursache strukturelle Fehlstellen, wie Stapelfehler,
Zwischengitteratome, Leerstellen, Versetzungen oder gelöste
Fremdatome sind /68/. $\rho_i(T)$ ist der ideale spezifische
Widerstand, der von der Temperatur abhängig ist.

Bestimmt wird die Widerstandserhöhung z galvanisch hergestellter Kupferschichten im Vergleich zum spezifischen
Widerstand des reinen Kupfers (Bild 16).

Eine ausführliche Herleitung zur Berechnung der Widerstandserhöhung z wird in /69/ dargestellt.

$$z = \frac{\rho_{r2} \cdot R_1 - \rho_{r1} \cdot R_2}{R_2 - R_1}$$

$R_{1,2}$ elektrischer Widerstand einer
                 Kupferfolie bei T_1 und T_2

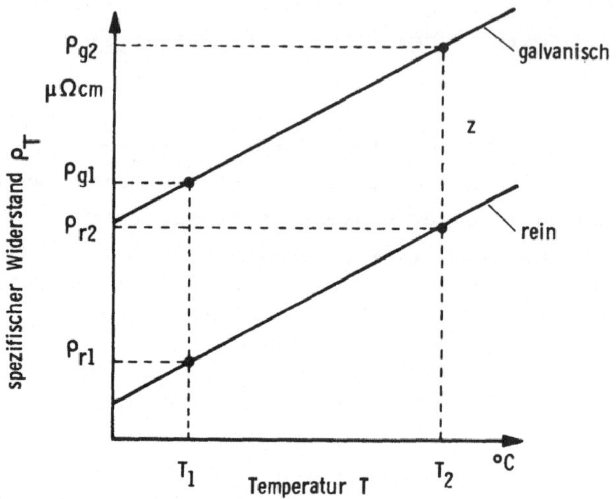

$\rho_{r1,2}$ spez. elektr. Widerstand von reinem Kupfer bei T_1 und T_2

$\rho_{g1,2}$ spez. elektr. Widerstand von galvanisch abgeschiedenem Kupfer bei T_1 und T_2

Bild 16: Darstellung der Matthiessen'schen Regel nach /69/

Gegenüber anderen Verfahren hat die Anwendung der Matthiessen'schen Regel den Vorteil, daß die Probenabmessungen nicht in die Auswertung eingehen.

Der spezifische Widerstand von reinem Kupfer bei den Temperaturen T_1 und T_2 wird mit folgender Formel berechnet:

$$\rho_{r1,2} = \rho_{r0}\,(1 + a \cdot T_{1,2})$$

spez. elektr. Widerstand bei 0 °C $\rho_{r0} = 1{,}55\ \mu\Omega\,\text{cm}$

Temperaturkoeffizient $a = 4{,}33 \cdot 10^{-3}\ 1/°C$

Die Widerstandswerte R_1 und R_2 werden an einer Kupferfolie
mit Hilfe des Ohm'schen Gesetzes ermittelt. Dazu wird ein
Folienstreifen von ca. 3,5 mm Breite und 100 mm Länge aus der
Kupferfolie (s. Kap. 4.2.1) ausgeschnitten und in eine
Folienhalterung gespannt (Bild 17).

Ein Strom von 1000 mA wird durch die Folie geleitet und der
Spannungsabfall ΔU bestimmt. Die Widerstandswerte werden nach
dem Ohm'schen Gesetz berechnet. Die eingesetzten Geräte zur
Bestimmung der elektrischen Werte erlauben eine Messung mit
einer Unsicherheit von $\pm$ 0,1 %.

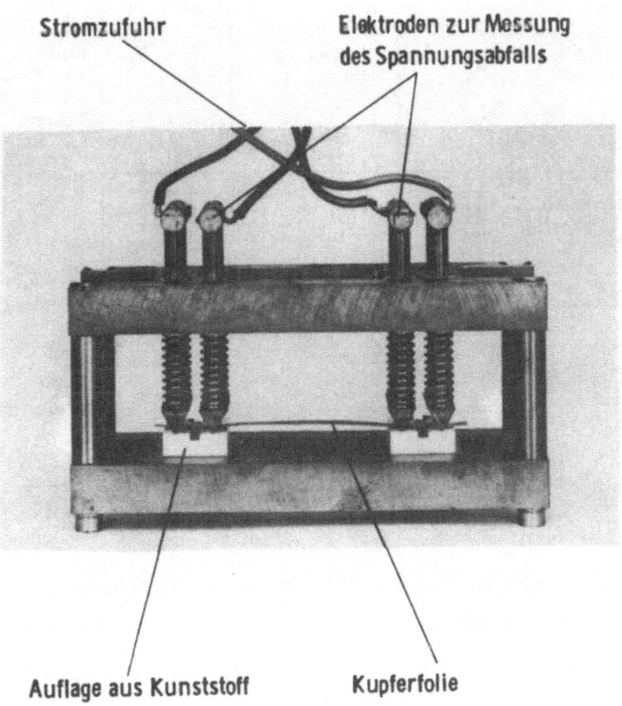

Bild 17: Folienhalterung

Die Messungen werden bei Raumtemperatur und bei ca. 90 °C durchgeführt. Um eine konstante Probentemperatur zu erreichen, wird die Folie in Silikonöl, das ständig gerührt wird, erwärmt (Bild 18). Die Temperierung des Silikonbades erfolgt indirekt in einem Wasserbad. Damit ergibt sich eine gleichmäßige Temperaturverteilung auf der Folie von ± 0,1 °C, die mit einem Präzisionsmeßgerät mit einer Unsicherheit von ± 0,02 °C ± 0,01 °C gemessen wird.

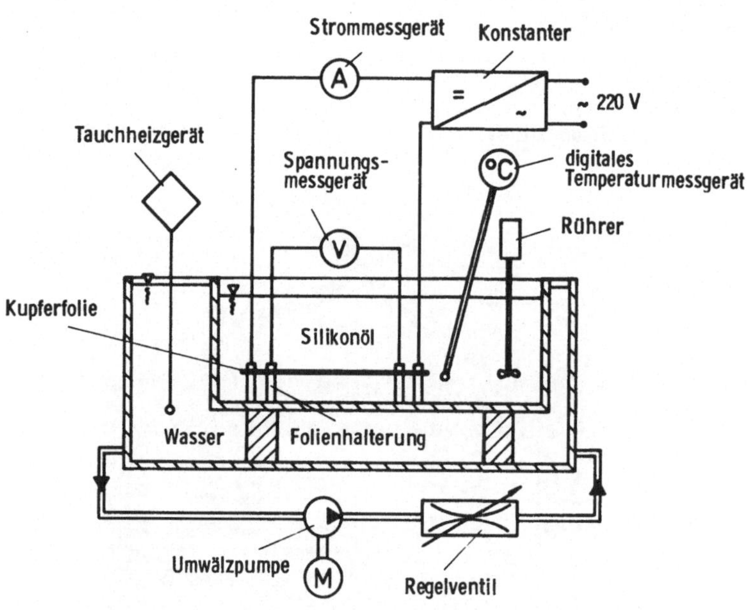

Bild 18: Versuchsanordnung zur Messung des spezifischen Widerstandes

Um den Vergleich mit reinem Kupfer zu erleichtern, wird die relative Widerstandserhöhung K berechnet:

$$K = \frac{z}{\rho_{r20}} \cdot 100 \ \%$$

ρ_{r20} spezifischer elektrischer Widerstand von reinem Kupfer bei 20 °C

4.2.4 Gefügeeigenschaften

Die Gefügebeschaffenheit wird im Querschliff untersucht. Die hergestellten Kupferscheiben werden getrennt und in Gießharz eingebettet. Durch Schleifen, mechanisches Polieren und anschließendes Ätzpolieren mit wässriger Eisen-III-nitrat-Lösung wird das Gefüge sichtbar gemacht (s. Bild 24, S. 56).

4.3 Versuchsergebnisse

4.3.1 Darstellung der Ergebnisse

Härte

Die ermittelten Härtewerte (Bild 19) weisen große Unterschiede auf. Sie sind meist höher als der Wert von thermisch
erschmolzenem Kupfer.

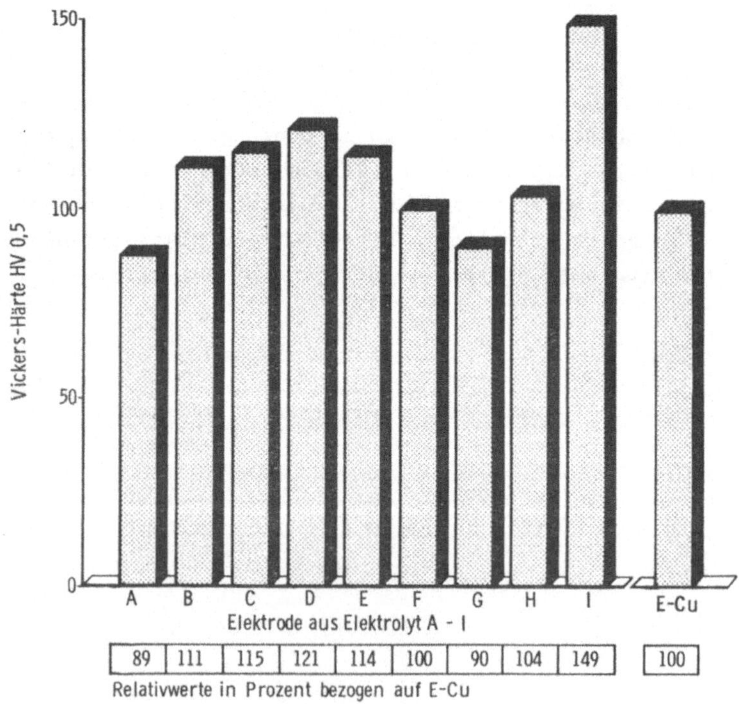

Bild 19: Härtewerte der Elektroden

Zugfestigkeit und Bruchdehnung

Die durchgeführten Messungen ergeben Zugfestigkeitswerte im
Bereich von 180 bis 490 N/mm² und Bruchdehnungen von 3 bis
15 % (Bild 20). Ein allgemein gültiger Zusammenhang zwischen
Zugfestigkeit und Bruchdehnung existiert nach Angaben in der
Literatur nicht /70/. Vergleicht man die untersuchten Werkstoffe, kann festgestellt werden, daß sie sich teilweise
stark von Elektrolytkupfer unterscheiden. So wird z.B. an
mit Elektrolyt D hergestellten Proben eine Zugfestigkeit
von 490 N/mm² und eine Bruchdehnung von nur 3 % gemessen.

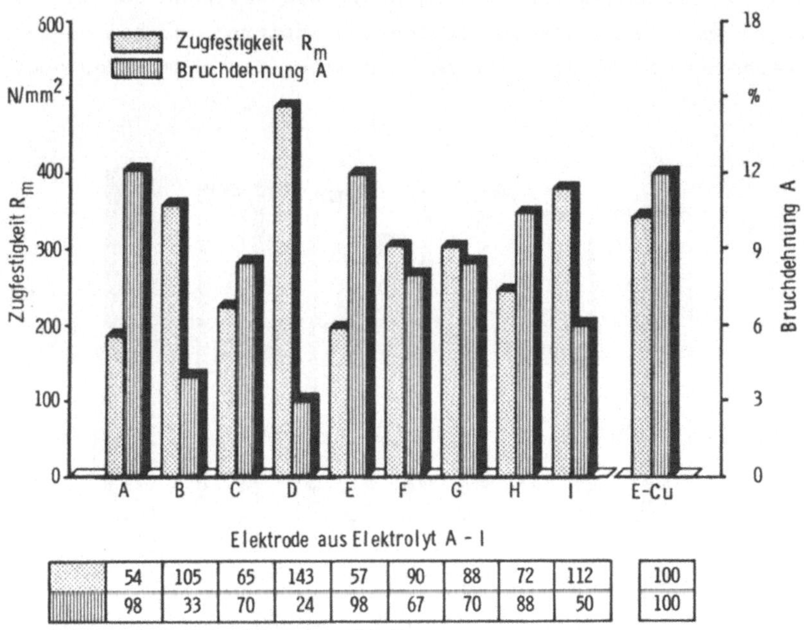

	A	B	C	D	E	F	G	H	I		E-Cu
	54	105	65	143	57	90	88	72	112		100
	98	33	70	24	98	67	70	88	50		100

Relativwerte in Prozent bezogen auf E-Cu

Bild 20: Zugfestigkeit und Bruchdehnung

Innere Spannungen

Bei der Probenherstellung mit den Elektrolyten A bis I treten
sowohl bei den Kupferscheiben als auch bei den Kupferfolien
keine Abhebungen vom Badmodell auf, d.h. die eingesetzten
Elektrolyte weisen höchstens innere Spannungen auf, die
niedriger liegen, als die maximal zulässigen. Auf eine
weitere Untersuchung wurde aus diesem Grund verzichtet.

Dichte

Alle ermittelten Dichtewerte (Bild 21) liegen nahe bei dem
Wert von reinem Kupfer (8,93 g/cm³). Die geringen Schwan-
kungen der Dichte des abgeschiedenen Kupfers sind bei der
Berechnung der Verschleißrate beim Erodieren ohne Bedeutung.

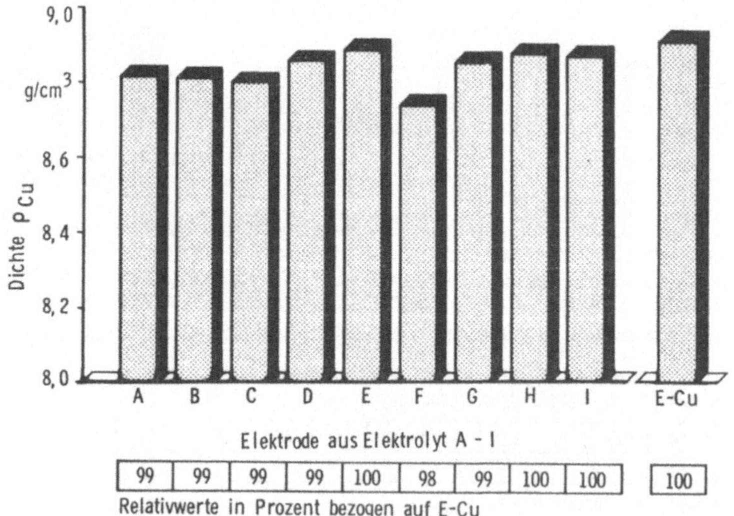

Bild 21: Dichte der Kupferelektroden

Schmelz- und Erstarrungspunkt

Die Schmelzpunkte liegen fast alle bei 1083 °C, dem Schmelzpunkt von reinem Kupfer (Bild 22). Die geringen Schmelzpunkt-
unterschiede haben keinen Einfluß auf das Verhalten beim
Erodieren.

Interessanter ist der Erstarrungspunkt, der teilweise infolge
von Rekristallisationseinflüssen deutlich unter dem Schmelzpunkt liegt, was den Rückschluß auf das Vorhandensein von
Fremdstoffeinbau zuläßt /71/. Allerdings beträgt auch hier
die Abweichung von reinem Kupfer nur maximal 25 °C.

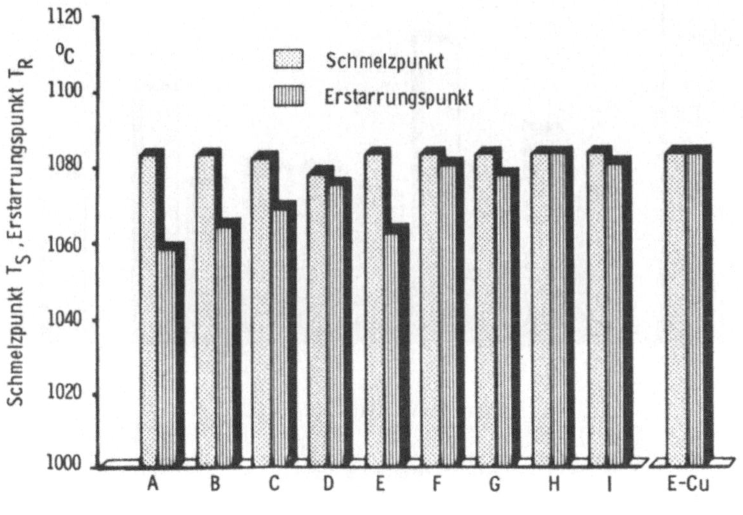

	A	B	C	D	E	F	G	H	I		E-Cu
	100	100	100	99	100	100	100	100	100		100
	98	98	99	99	98	100	99	100	100		100

Relativwerte in Prozent bezogen auf E-Cu

Bild 22: Schmelz- und Erstarrungspunkte der untersuchten
Elektroden

Spezifischer elektrischer Widerstand

Die Werte des spezifischen Widerstandes für die untersuchten
Elektrolyte sind höher als der spezifische elektrische Widerstand von reinem Kupfer (Bild 23). Besonders hohe Abweichungen weisen die Proben B, D und I auf. Für einige Folien
wurden mit der Vierpunkt-Methode /67/ Kontrollmessungen
durchgeführt, deren Ergebnisse gut mit den dargestellten
Werten übereinstimmen.

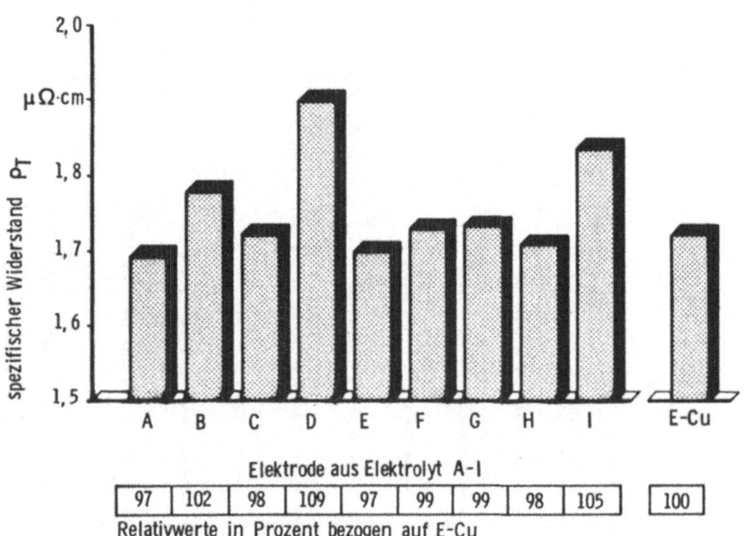

Bild 23: Spezifischer Widerstand der Elektroden bei 20 °C

Gefügeeigenschaften

Nach Fischer /36/ können die untersuchten Gefüge zwei verschiedenen Wachstumstypen zugeordnet werden (Bild 24):

- feldorientierter Texturtyp,
- unorientierter Dispersionstyp.

Beim feldorientierten Texturtyp wachsen die Kristallite bevorzugt in Stromlinienrichtung, senkrecht zur Oberfläche der
Kathode. Teilweise ist eine Zunahme der Kristallitgröße mit
zunehmender Schichtdicke zu erkennen. Die Schichten sind
meist als grobkristallin zu bezeichnen.

Diesem Typ können die mit den Elektrolyten A, C, D, F und G
abgeschiedenen Schichten zugeordnet werden. Bei Elektrolyt F
konnte das Auftreten von Poren bei größerer Schichtdicke
nicht vermieden werden, was seine Eignung zur Herstellung von
Erodierelektroden beeinträchtigt.

Der unorientierte Dispersionstyp weist keine ausgeprägte
Orientierung auf, vielmehr sind die Kristallite statistisch
verteilt. Die Kupfertypen B, E, H und I weisen ein solches
Gefüge auf, wobei bei Kupfer E noch eine geringe Feldorien-
tierung zu erkennen ist.

Das Gefüge des Elektrolytkupfers zeigt keine gerichtete
Textur (Bild 25). Globulare Kristallite gleichmäßiger Größe
sind über den ganzen Querschnitt verteilt. Im Vergleich zu
den galvanisch abgeschiedenen feindispersen Schichten sind
die Kristallite wesentlich größer.

FELDORIENTIERTER TEXTURTYP

UNORIENTIERTER DISPERSIONSTYP

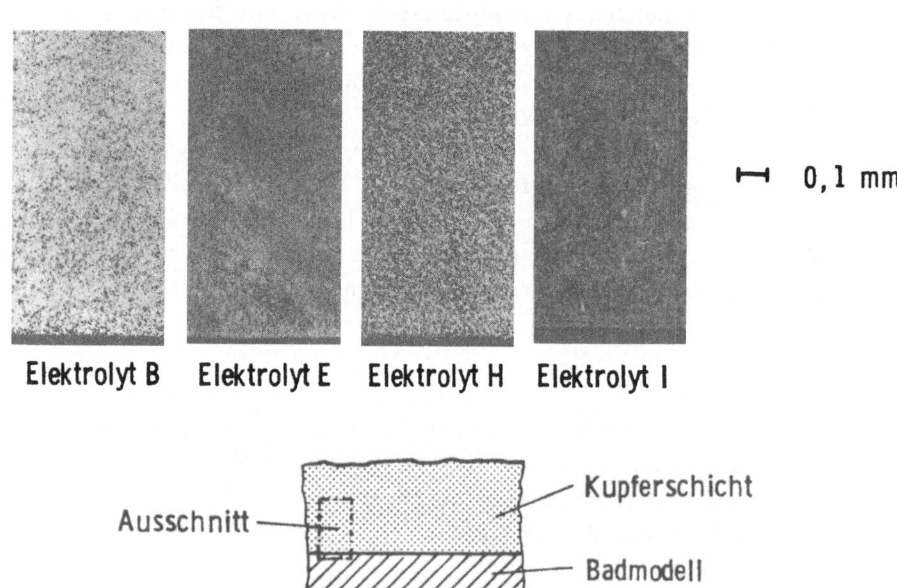

Bild 24: Gefügeaufnahmen der untersuchten Elektroden

Bild 25: Gefüge des Elektrolytkupfers

4.3.2 Diskussion der Ergebnisse

Da bei der Versuchsdurchführung die Arbeitsbedingungen konstant gehalten wurden, sind die unterschiedlichen Werkstoffeigenschaften auf die verschiedenen Elektrolytzusammensetzungen zurückzuführen. Dabei spielt die Art und Menge der
organischen Zusätze eine entscheidende Rolle. So weisen die
Eigenschaftswerte der Werkstoffe C, E und I, die aus Elektrolyten mit fast gleicher anorganischer Zusammensetzung abgeschieden wurden große Unterschiede auf. Dies trifft insbesondere auf die Härte, die Zugfestigkeit sowie die Bruchdehnung zu (Bild 26). In Vorversuchen wurde ermittelt, daß
die Eigenschaftsunterschiede nicht durch den unterschiedlichen Chloridionengehalt der Elektrolyte verursacht werden.
Sie sind auf die verschiedenen organischen Zusätze zurückzuführen.

Bezeichnung		C	E	I	K
Kupfergehalt	in g/l	20	20	20	20
Schwefelsäuregehalt	in g/l	180	180	180	180
Chloridionengehalt	in mg/l	50	50	60	
Organische Zusätze		ja	ja	ja	nein

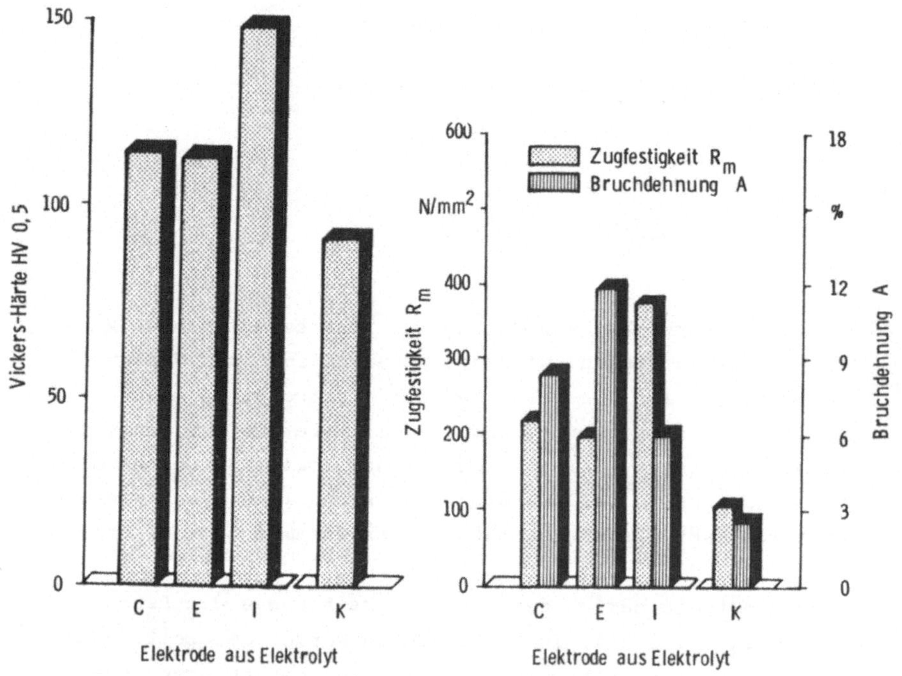

Bild 26: Einfluß organischer Zusätze auf die Härte, die Zugfestigkeit und die Bruchdehnung

Als Maß für die Reinheit der abgeschiedenen Kupferschichten
kann die relative Widerstandserhöhung bzw. der spezifische
elektrische Widerstand verwendet werden /69/. Zu deren
meßtechnischen Bestimmung wurden in Vorversuchen zunächst
Proben untersucht, die in einem Elektrolyt ohne organische
Zusätze (Elektrolyt K) hergestellt wurden. Bei diesen Proben
beträgt die relative Widerstandserhöhung 0,5 % (Bild 27).

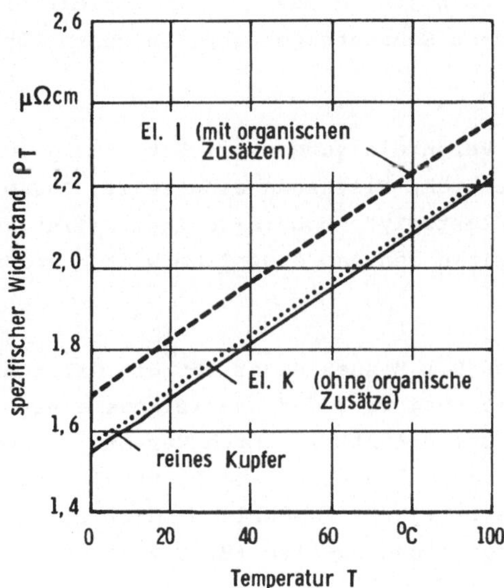

Bild 27: Einfluß organischer Zusätze auf den spezifischen
elektrischen Widerstand

Als Ursache für die Erhöhung des spezifischen elektrischen
Widerstandes sind bei Elektrolyten ohne organische Zusätze
u.a. Verunreinigungen anzusehen, die von den verwendeten
Chemikalien, von den Anoden, vom Wasser oder von Produkten,
die sich durch Sekundärreaktionen während der Elektrolyse
bilden, herrühren. In der Praxis ist auch das Material des
Badmodells wichtig, von dem organische Stoffe herausgelöst
werden können. Reichern sich diese Stoffe im Elektrolyt an,
können sie auch andere Schichteigenschaften wesentlich
beeinflussen /72/.

Um den Einfluß der Verunreinigung möglichst gering zu halten,
wird eine kontinuierliche Filterung eingesetzt. Zudem werden
beim Ansetzen der Elektrolyte hochreine Chemikalien verwendet. Anodensäcke halten den Anodenschlamm weitgehend von der
Kathode fern.

Durch die Zugabe von 0,1 Masse% einer für die Galvanoformung
geeigneten Zusatzmischung wird der spezifische elektrische
Widerstand stärker beeinflußt als durch Verunreinigungen. Die
gemessene Widerstandserhöhung ist beim Elektrolyt mit organischen Zusätzen (Elektrolyt I) wesentlich höher als beim
Grundansatz ohne organische Zusätze (Bild 27). Sie liegt bei
9 %.

Die hohen Werte des spezifischen elektrischen Widerstandes
der Werkstoffe B, D und I lassen auf einen hohen Einbau
organischer Zusätze schließen.

Die Dichte, der Schmelz- und Erstarrungspunkt wird durch
organische Zusätze wesentlich geringer beeinflußt. Die
ermittelten Werte unterscheiden sich nur wenig voneinander.

Die mechanisch-technologischen Eigenschaften weisen dagegen
stark unterschiedliche Werte auf. Sie sind durch das Zusam-
menwirken von chemischen, physikalischen sowie gefügemäßigen
Eigenschaften bestimmt. Im einzelnen sind dies:

- der physikalische Fehlordnungscharakter des Kupfermetalls
  (Versetzungen, Stapelfehler, Kristallitgrenzen, Leerstellen u.a.) und

- der chemische Fehlordnungscharakter d.h. Zahl, Art und
  Anordnung von Fremdatomen oder Teilchen /35/.

Bei der Elektrokristallisation können insbesondere mitab-
geschiedene organische Zusätze wegen ihrer Größe oft nicht in
das Kristallgitter eingebaut werden. Lagern sie sich an
Korngrenzen und Versetzungen an, können sie die Versetzungen
blockieren und das Kristallgitter aufweiten, was zu einer
Erhöhung der Härte und Zugfestigkeit bzw. Abnahme der Bruchdehnung führen kann /72/.

Auch die Gefügeeigenschaften werden von den organischen
Zusätzen bestimmt. Der Gefügeaufbau hat einen großen Einfluß
auf die Bauteileigenschaften und wird deshalb in Abschnitt 6
näher untersucht.

Auf den Erosionsprozeß wirken viele Parameter ein, die eine
entscheidende Bedeutung für das Arbeitsergebnis haben. Bei
Vergleichsversuchen ist es deshalb notwendig, durch das Kon-
stanthalten der Maschineneinstelldaten vergleichbare Bedingungen zu erhalten. Die wesentlichen Einflußfaktoren auf
den Erodiervorgang zeigt Bild 28.

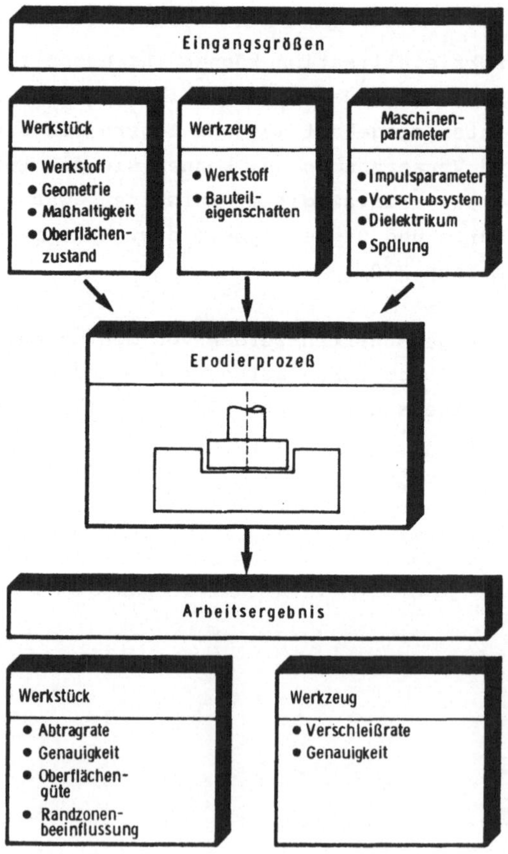

Bild 28: Eingangsgrößen und Arbeitsergebnis beim Erodieren

5.1   Kenngrößen des Verfahrens

5.1.1   Einstellparameter und Prozeßkenngrößen

Die Erodierversuche werden auf einer Erodieranlage mit iso-
frequent arbeitendem statischen Impulsgenerator durchgeführt.
In Bild 29 sind die elektrischen Kenngrößen beim statischen
Impulsgenerator dargestellt /4/.

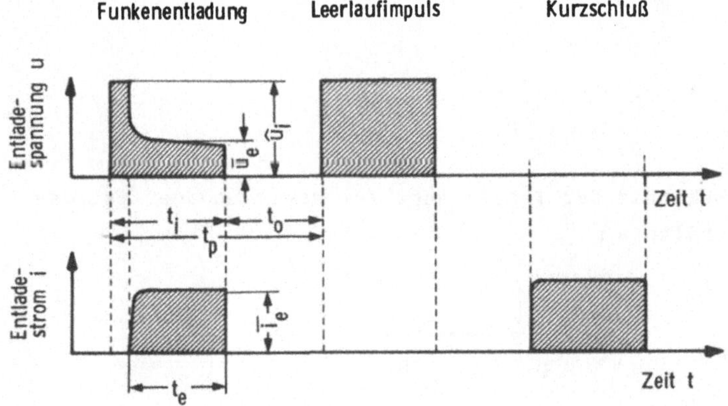

Bild 29: Strom- und Spannungsverlauf beim statischen
Impulsgenerator (schematisch)

Aufgrund der Einstellung der Impulsdauer t_i und des Entladestroms i_e wird die maximale Entladeenergie W_e begrenzt:

$$W_e = \int_{t_e} u_e(t) \cdot i_e(t)dt \approx \bar{u}_e \cdot \bar{I}_e \cdot t_e \leqq \bar{u}_e \cdot \bar{I}_e \cdot t_i$$

Die mittlere Entladespannung $\bar{u}_e$ ist von der eingesetzten
Werkstoffpaarung abhängig und nur in geringem Maße von der
Höhe des mittleren Entladestromes $\bar{I}_e$ /11/.

Die Entladedauer t_e ist die Zeit des Stromflusses während
einer Entladung. Die Leerlaufspannung $\hat{u}_i$ tritt an der Ent-
ladestrecke als Höchstwert auf, wenn kein Strom fließt.

Die Summe aus Impulsdauer t_i und Pausendauer t_0 wird als
Periodendauer t_p bezeichnet, der Kehrwert als Impulsfrequenz
f_p.

$$t_p = t_i + t_0$$

$$f_p = \frac{1}{t_p}$$

Das Verhältnis der Impulsdauer zur Periodendauer ist das
Tastverhältnis τ

$$\tau = \frac{t_i}{t_p} = \frac{t_i}{t_i + t_0}$$

Bei der Einstellung des Vorschubsystems muß versucht werden,
eine möglichst gute Betriebsstabilität zu erreichen.

Das Vorschubsystem wird über die Sollwertspannung des Vorschubregelkreises und die Pinolenstellgeschwindigkeit einge-
stellt. Der Elektrodenabstand ist proportional zu diesen
Größen. Bei zu großer Spaltweite können keine Entladungen
zünden, was zu einer Bearbeitung mit Leerlauftendenz führt,
während bei zu geringem Elektrodenabstand Fehlentladungen und
Kurzschlüsse entstehen, die einen besonders hohen Verschleiß
verursachen /73/.

Die Pinolenstellgeschwindigkeit muß den Spaltbedingungen
angeglichen werden, um Prozeßentartungen wie Kurzschlüsse und
Leerläufe zu vermeiden.

Die Optimierung des Vorschubsystems wird durch die Identifi-
zierung der Impulsart erleichtert. Dazu wird die Spannung im
Arbeitsspalt 200 ns vor Impulsende gemessen und mit einem
vorgegebenen Sollwert verglichen (Bild 30). Die Meßwertverar-
beitung erfolgt elektronisch. Auf der Anzeige des Meßgerätes
werden die Impulsarten prozentual angezeigt. Bei der Einstellung werden 95 % Funkenentladungen angestrebt. Eine
weitere Erhöhung führt zu einem starken Verschleißanstieg.

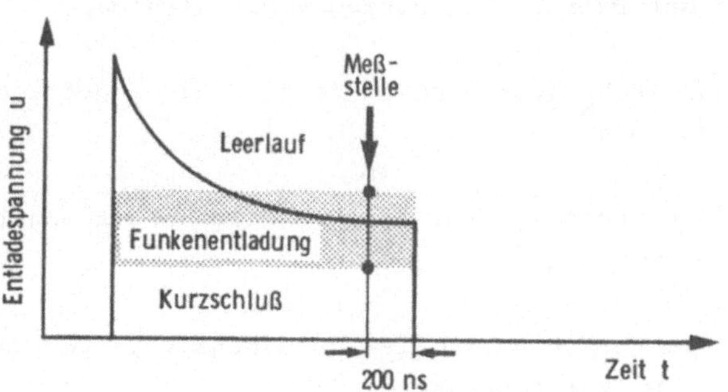

Bild 30: Meßprinzip zum Erkennen der Entladungsart

Die Einstellung der Durchflußmenge Q des Dielektrikums muß so
gewählt werden, daß während der Bearbeitung im Arbeitsspalt
ein möglichst konstanter Gehalt abgetragener Partikeln auftritt.

Eine Verbesserung der Abtragkenngrößen ist festzustellen, wenn die Durchflußmenge des Dielektrikums gering ist. Die untere Grenze ist erreicht, wenn Ansammlungen von Abtragpartikeln, die zu Lichtbögen führen, nicht mehr sicher entfernt werden können. Bei zu hoher Durchflußmenge wird der Spalt so stark verkleinert, daß Instabilitäten des Vorschubregelkreises auftreten.

5.1.2   <u>Kenngrößen zur Beurteilung des</u>
          <u>Arbeitsergebnisses</u>

Aufgrund der Aufgabenstellung sollen folgende Kenngrößen zur Beurteilung der Bearbeitung herangezogen werden:

- Die Abtragrate V_W gibt das pro Zeiteinheit abgetragene Werkstückvolumen an.

- Die Verschleißrate V_E gibt das pro Zeiteinheit abgetragene Werkzeugvolumen an.

- Der relative Verschleiß θ ist das Verhältnis von Verschleißrate V_E zur Abtragrate

$$\theta = \frac{V_E}{V_W}$$

- Das Abtragverhältnis K_E ist definiert, um mit einer Kenngröße das Arbeitsergebnis beurteilen zu können /74/.

$$K_E = \frac{V_W}{\theta}$$

Sofern nur der Elektrodenverschleiß und die Abtragrate
berücksichtigt werden, ist ein möglichst hohes Abtragverhältnis anzustreben.

- Die Kantenabrundung r_K der Elektrode wird als Beurteilungs-
kriterium mitverwendet, da sich die an einzelnen Formpar-
tien erzielbare Genauigkeit bzw. Kantenradius nicht nur
nach dem relativen Verschleiß richtet, sondern auch nach
den geometrischen Verhältnissen (Bild 31). Sie weist eine
starke Abhängigkeit von der Einsenktiefe auf /75/.

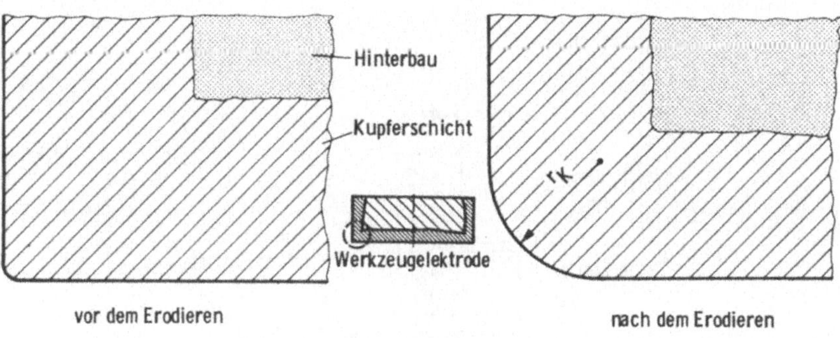

Bild 31: Kantenabrundung beim Erodieren

- Der arithmetische Mittenrauhwert R_a und die gemittelte
Rauhtiefe R_z werden zur Beurteilung der Oberflächengüte
verwendet.

- Veränderungen in der Randzone der Elektroden sowie Gefüge-
umwandlungen und Rißbildung werden zur Beurteilung der
Elektroden herangezogen. Auf die Untersuchung dieser Krite-
rien beim Werkstück wird verzichtet, da mehrere Arbeiten
sich ausführlich damit befassen /76 - 79/.

5.2   <u>Versuchsaufbau und Versuchsdurchführung</u>

Als Werkzeugelektroden werden die in Abschnitt 4.2.1 beschriebenen Kupferscheiben verwendet. Da ihre Badseite rauh
ist, werden sie durch Fräsen auf eine Dicke von 2 mm bearbeitet. Danach werden die Elektroden auf eine Trägerplatte ge-
klebt und mit einer Stiftschraube am Elektrodenhalter be-
festigt (Bild 32). Zum Vergleich werden die Versuche auch mit
spanend hergestellten Elektroden aus   E - Cu mit gleicher
Geometrie durchgeführt.

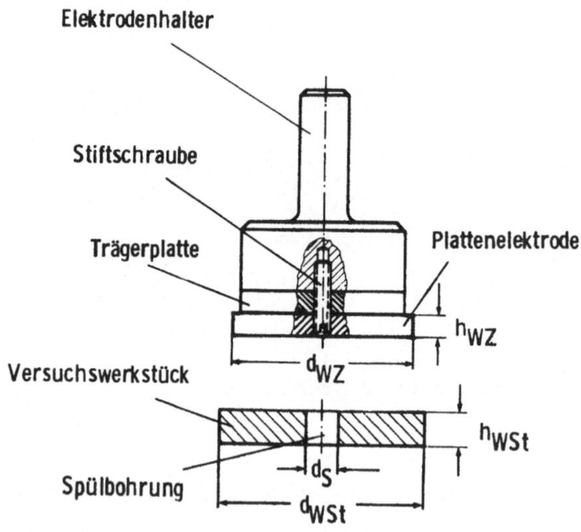

Bild 32: Versuchselektroden

Die Werkstückelektrode ist ein Kreiszylinder mit einem Durchmesser d_{WSt} von 50 mm und einer dem Versuchszweck angepaßten
Höhe h_{WSt}.

Im Zentrum ist eine Spülbohrung mit einem Durchmesser d_S von
8 mm angebracht. Der Werkstückwerkstoff ist ein vorvergüteter
Stahl, der sehr häufig für Hohlformwerkzeuge eingesetzt wird,
da nach dem Bearbeiten keine Wärmebehandlung erforderlich
ist. Trotz seines Schwefelgehaltes, der die spanende Bearbeitung erleichtert, kann er gut poliert werden (Bild 33).
Das Werkstück wird auf einem Spültopf festgeklemmt, durch den
die Druckspülung erfolgt (Bild 34).

	Bezeichnung	Kenndaten

Elektroden-
werkstoff
	• Elektrolytkupfer
	  E - Cu
	• galvanisch abgeschiedenes
	  Kupfer
	  A ... L
		Reinheitsgrad 99 %
		s. Abschnitt 4
		
		s. Abschnitt 4

Werkstück- werkstoff	40 Cr Mn Mo S 8 6 Wst - Nr : 1.2312	Dichte : 7,80 g/cm^3 Richtwerte : C : 0,37 ... 0,43 % Si : 0,3 ... 0,5 % Mn : 1,4 ... 1,6 % Cr : 1,8 ... 2,0 % Mo : 0,17 ... 0,23 % S : 0,05 ... 0,08 %
Dielektrikum	Erosionsöl IM-E (Firma Öl-Held)	Dichte : 0,78 g/cm^3 Viskosität : 2,2 cSt Flammpunkt: 82,0 ^{0}C

Bild 33: Kenndaten der eingesetzten Werkstoffe und des
          Dielektrikums

Abtragrate und relativer Elektrodenverschleiß werden in Abhängigkeit von der Impulsdauer für 2 Stromstufen ermittelt
(Bild 35).

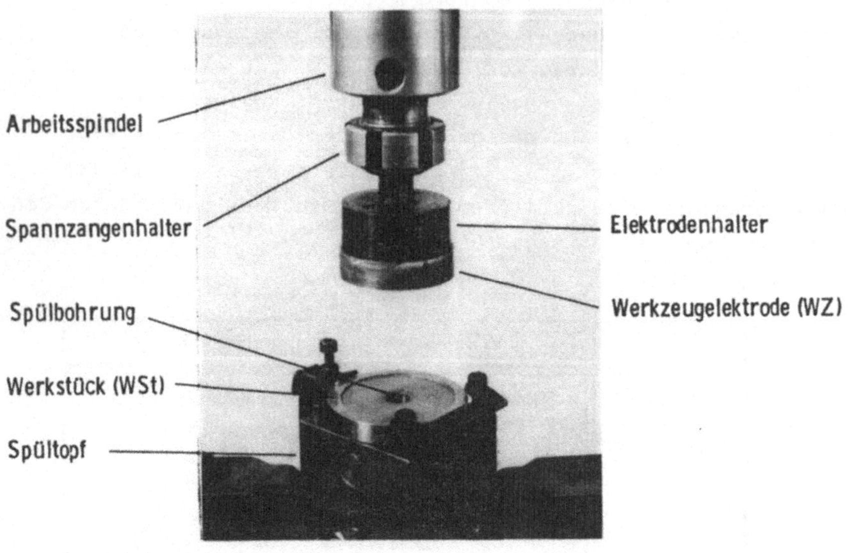

Bild 34: Versuchsaufbau zum Erodieren

VERSUCHSBEDINGUNGEN							
WZ	A-I (+)			⌀ 40 mm WZ			
WSt	40 Cr Mn Mo S 86			WSt ⌀ 8 mm			
$\hat{u}_i$ in V	100						
$\overline{i}_e$ in A	7			40			
t_i in µs	10	50	200	500	10	50	200	500
τ	0,89	0,91	0,94	0,94	0,89	0,91	0,94	0,94
Q in l/h	30						

Bild 35: Versuchsbedingungen beim Erodieren

40 A entsprechen bei einer Elektrodenfläche von 12,5 cm²
einer mittleren Einstellung zwischen abtragsintensiver und
verschleißarmer Arbeitsweise. Bei 7 A wird die Rauheitsklasse
K 30 (R_a = 3,15 µm) /7/ erreicht. Sind für bestimmte Anwendungsfälle höherwertige Oberflächen notwendig, wird in der
Praxis meist mit anderen Verfahren (z.B. Strahlläppen, manu-
elles Polieren) nachbearbeitet /78/. Die niedrigere Einstellung des Arbeitsstromes führt außerdem zu einer geringeren
Beeinflussung der Randzone des Werkstücks.

Mit einer relativ hohen Durchflußmenge Q von 30 l/h konnte
bei allen Versuchen eine gute Stabilität erreicht werden.
Außerdem ergibt sich durch die im Dielektrikum enthaltenen
Abtragpartikeln ein erhöhter abrasiver Verschleiß. Deshalb
kann bei der gewählten Einstellung der Durchflußmenge davon
ausgegangen werden, daß in der Praxis keine höheren Elektro-
denbelastungen auftreten.

Mehrere Versuche, die mit den gleichen Einstelldaten durchgeführt wurden, zeigen eine gute Reproduzierbarkeit der Ver-
suchsergebnisse.

5.3   <u>Versuchsergebnisse</u>

Die Abtragrate und der relative Verschleiß sind in Form von
Streubereichen dargestellt. Die Bereiche umfassen die Werte,
die mit den neun verschiedenen Kupferwerkstoffen ermittelt
wurden. Zum Vergleich sind die mit Elektrolytkupfer erhal-
tenen Kennlinien eingezeichnet (Bilder 36 und 37).

Bei Verlängerung der Impulsdauer ergeben sich die bekannten
Kennlinien mit einem Maximum der Abtragrate und abnehmendem
relativen Verschleiß. Wird der mittlere Entladestrom erhöht,
nimmt bei gleicher Impulsdauer bei allen untersuchten Werkstoffen die Abtragrate sowie der relative Verschleiß zu.

Die Abtragkennwerte der galvanogeformten Elektroden A bis I
weisen bei gleicher Impulsdauer teilweise eine große Streu-
breite auf. Eine allgemeingültige Rangfolge der Elektroden
aufzustellen ist nicht möglich, da sich diese in Abhängigkeit
von der Impulsdauer und Entladestromstärke ändert. Mit keinem
der untersuchten Elektrolyte können Elektroden hergestellt
werden, die für alle Maschineneinstellungen gleich gut
geeignet sind. Allerdings werden mit den meisten galvanogeformten Elektroden im Vergleich zu spanend hergestellten
Elektroden bezüglich der Abtragkennwerte gleiche oder bessere
Werte erreicht. Insbesondere bei niedrigem Entladestrom
erhält man mit den galvanisch abgeschiedenen Werkstoffen gute
Erodierergebnisse.

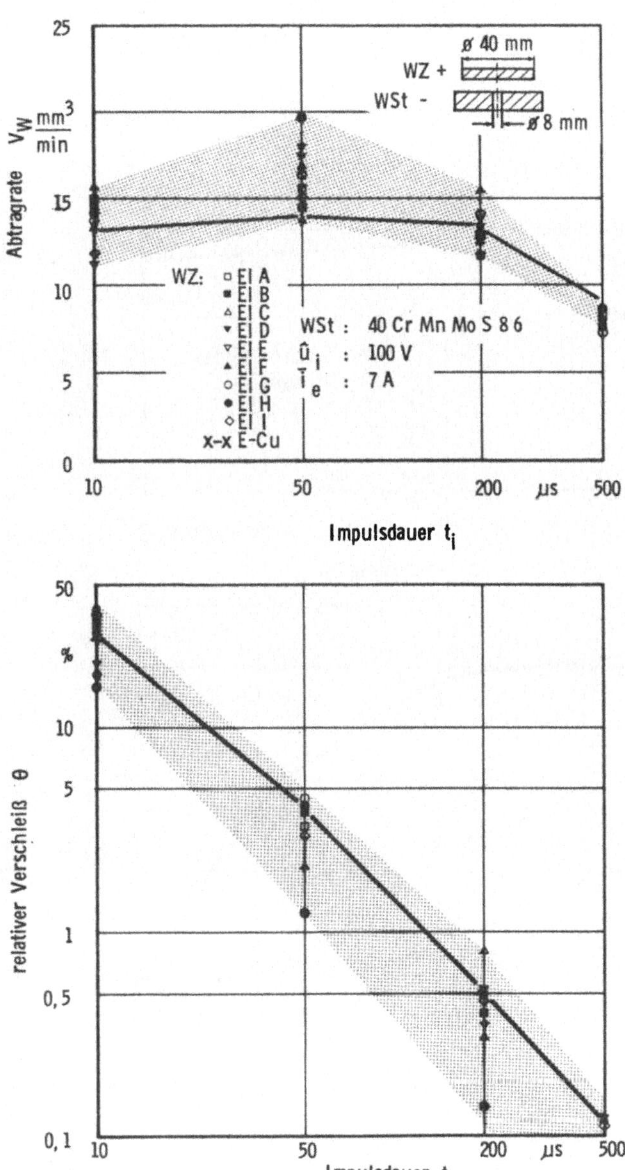

Bild 36: Abtragrate und relativer Verschleiß bei niedrigem Entladestrom

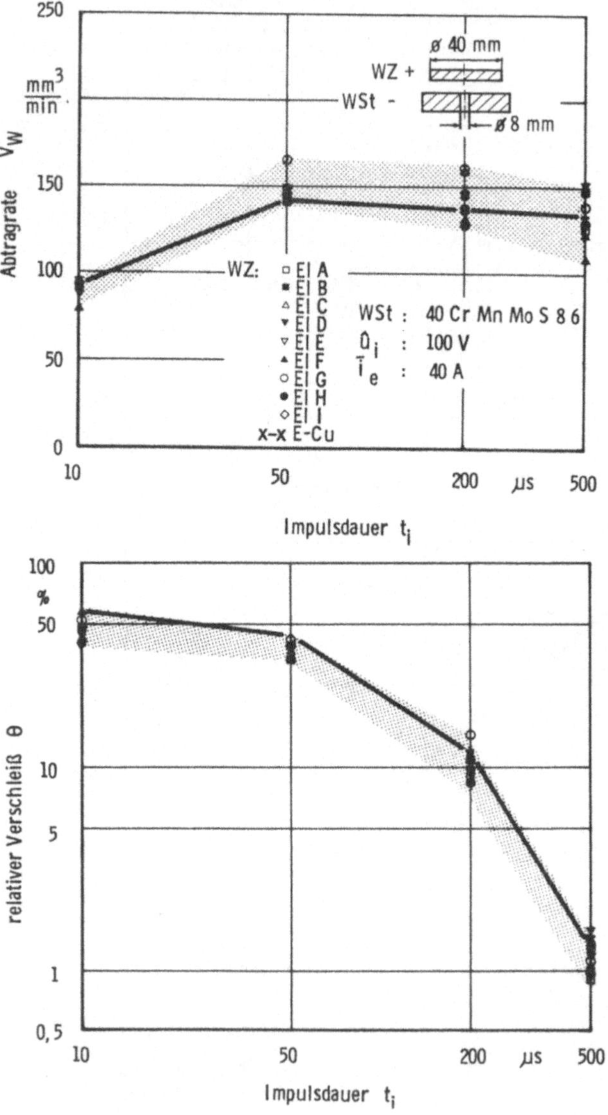

Bild 37: Abtragrate und relativer Verschleiß bei
hohem Entladestrom

Die Werkstoffeigenschaften des elektrolytisch abgeschiedenen
Kupfers weichen teilweise stark von denen von Elektrolytkupfer ab. Um den Vergleich zu erleichtern, werden die Werkstoffeigenschaften auf die Werte von Elektrolytkupfer bezogen
(Bild 38). Betrachtet man die einzelnen Elektroden, so ist
festzustellen, daß keine der Kupferschichten bei allen Eigenschaften die gleichen Werte wie Elektrolytkupfer aufweist.

Durch den Einsatz der verschiedenen Elektrolyte werden große
Wertebereiche der Werkstoffeigenschaften erreicht. Besonders
bei den mechanisch-technologischen Kennwerten sind große
Abweichungen der ermittelten Werte des abgeschiedenen Kupfers
zu erkennen, während sich die untersuchten physikalischen
Eigenschaften nur geringfügig von den Werten von Elektrolytkupfer unterscheiden.

Eine Zuordnung von Werkstoffeigenschaften und Erodierkenngrößen ist schwierig, da sich die Reihenfolge der Ergebnisse
bei unterschiedlicher Maschineneinstellung ändert, d.h. trotz
gleicher Werkstoffeigenschaften weist z.B. der Elektroden-
werkstoff, mit dem beim Schruppen die höchsten Abtragraten
erzielt werden, beim Schlichten nur mittlere Werte auf.

Eine Abhängigkeit der Abtragrate oder der Verschleißrate von
einer Werkstoffeigenschaft ist sehr schwer nachzuweisen, da
der Einfluß auf die Abtragkenngrößen nicht eindeutig von
einer Eigenschaft abhängt, sondern eine Vielzahl von
Wechselwirkungen die Verhältnisse schwer überschaubar macht.
Betrachtet man zum Beispiel den Einfluß der Zugfestigkeit auf
die Verschleißrate, so ist kein eindeutiger Zusammenhang zu
erkennen (Bild 39).

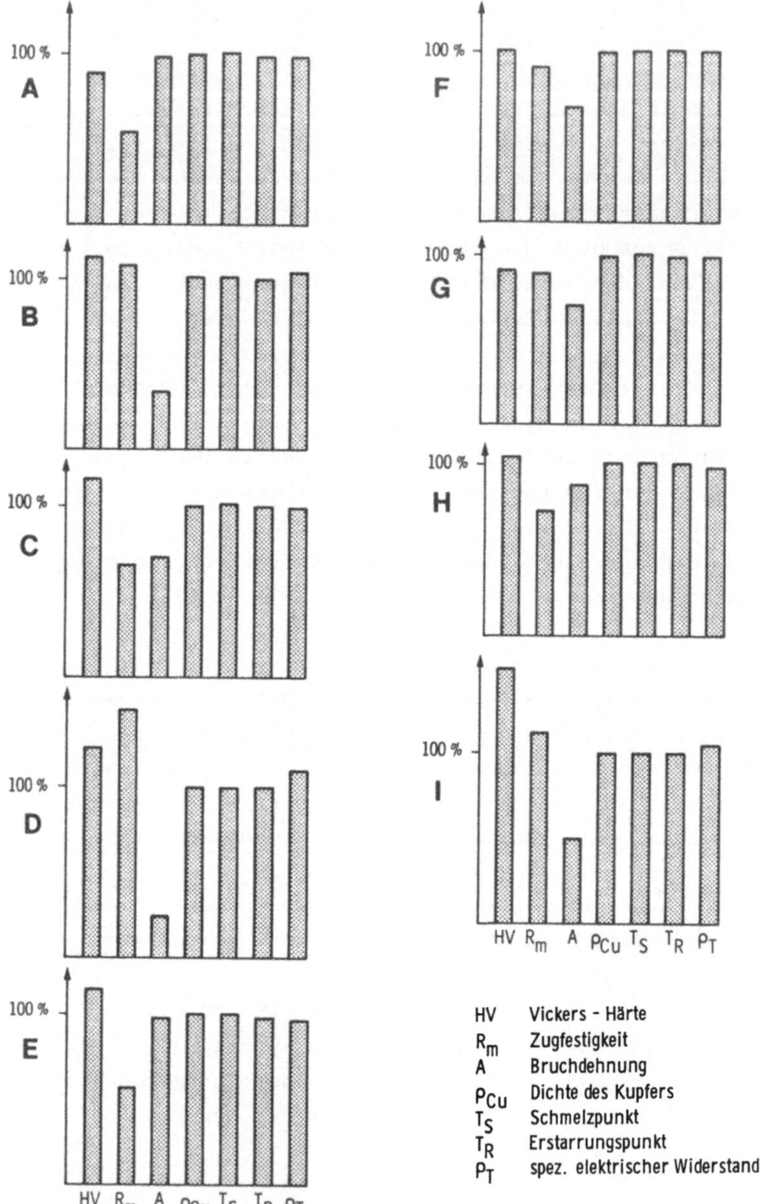

Bild 38: Eigenschaften der Werkstoffe A bis I bezogen
auf Elektrolytkupfer (E-Cu: 100 %)

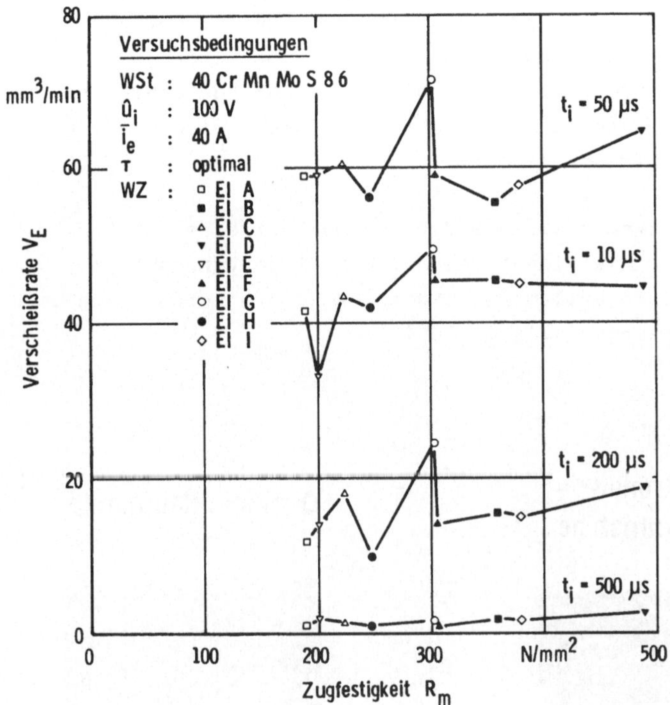

Bild 39: Einfluß der Zugfestigkeit und der Impulsdauer auf
die Verschleißrate

Trotz ähnlicher Zugfestigkeitswerte weisen z.B. die Werkstoffe F und G stark verschiedene Verschleißraten auf. Auch
der Versuch, mehrere Werkstoffeigenschaften zu einer Kenngröße zusammenzufassen, führte zu keinem Ergebnis, mit dem
die unterschiedlichen Abtragkenngrößen erklärt werden können.
Obwohl sich die Werte der Zugfestigkeit über einen großen Bereich erstrecken, zeigt eine Änderung der Impulsdauer eine
wesentlich größere Wirkung. So wird z.B. mit der dargestellten Maschineneinstellung (Bild 39) mit einer Impulsdauer von
500 µs mit allen untersuchten Elektroden eine geringe Verschleißrate erzielt.

Bei der Rißbildung wird ein deutlicher Einfluß der Werkstoffeigenschaften gefunden. Nach dem Erodieren werden an einigen
Elektroden Risse beobachtet. Mit Hilfe von Rasterelektronen-
mikroskopaufnahmen und Querschliffaufnahmen wird diese Erscheinung näher untersucht.

Der Entladestrom sowie die Impulsdauer hat eine starke
Bedeutung für die Rißentstehung. Bei allen Versuchen mit
einem mittleren Entladestrom von 7 A werden keine Risse an
den Anoden festgestellt (Bild 40).

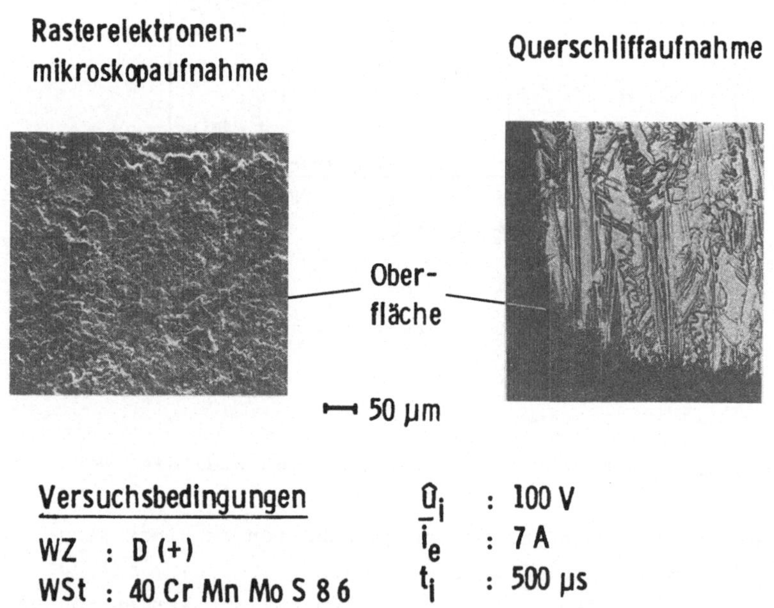

Bild 40: Oberflächenausbildung von Kupferanoden
bei niedrigem Entladestrom

Bei einem Entladestrom von 40 A treten bei den Kupferwerkstoffen geringe bis große Risse auf. Dabei ist eine deutliche
Abhängigkeit von der Impulsdauer zu erkennen (Bild 41).

Die gesamte Werkzeugelektrodenoberfläche ist von Rissen
durchzogen, deren Tiefe und Breite mit zunehmender Impulsdauer größer wird. Querschliffaufnahmen zeigen, daß sich die
Risse bevorzugt entlang der Korngrenzen ausbreiten. Treffen
mehrere Risse aufeinander, so kann dies zur Entstehung
größerer Ausbrüche führen, die sich beim Erodieren auf dem
Werkstück abbilden. Besonders nachteilig wirken sich Risse
aus, wenn z.B. beim Planetärerodieren die Elektrode sowohl
für die Schrupp- als auch für die Schlichtbearbeitung eingesetzt werden soll.

Die Rißentstehung kann folgendermaßen erklärt werden:

Die hohe Energie im Entladekanal führt zu einem Schmelzen und
teilweisen Verdampfen des Kupferwerkstoffes. Hinweise dafür
sind die glatten Flächen sowie die übereinandergelagerten
Werkstoffschichten auf der Anodenoberfläche /11/. Beim Wie-
dererstarren wird der Werkstoff an der Oberfläche schneller
abgekühlt als in tieferen Zonen, so daß er aufgrund der
Volumenverringerung einer Zugbelastung ausgesetzt wird und
reißen kann. Dieser Vorgang wird auch bei der Bearbeitung von
Hartmetall für das Auftreten von Rissen am Werkstück verant-
wortlich gemacht /80, 81/.

Rasterelektronenmikroskopaufnahmen

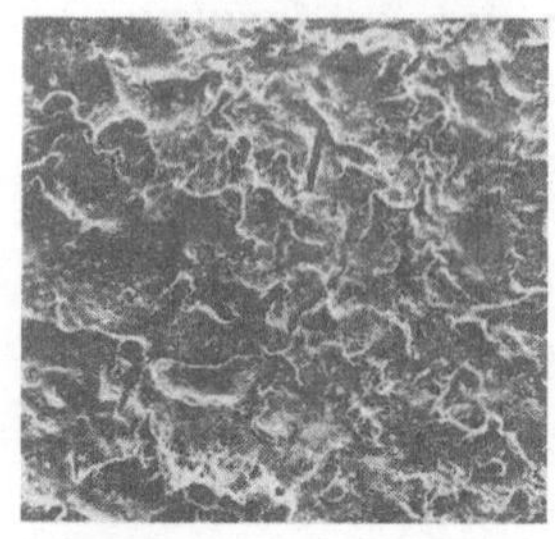

$t_i = 10\ \mu s$ ⊢——⊣ 50 µm

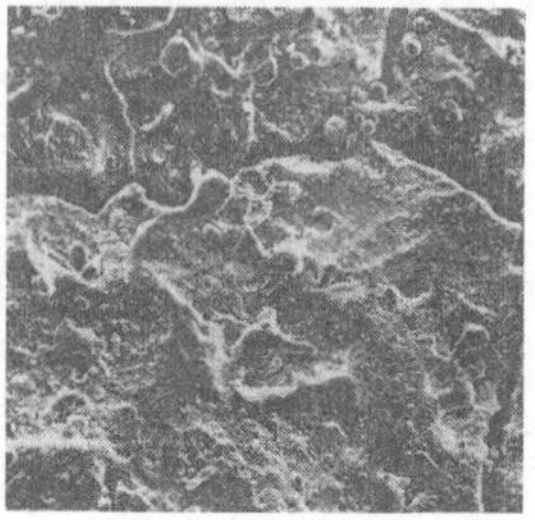

$t_i = 50\ \mu s$ ⊢——⊣ 50 µm

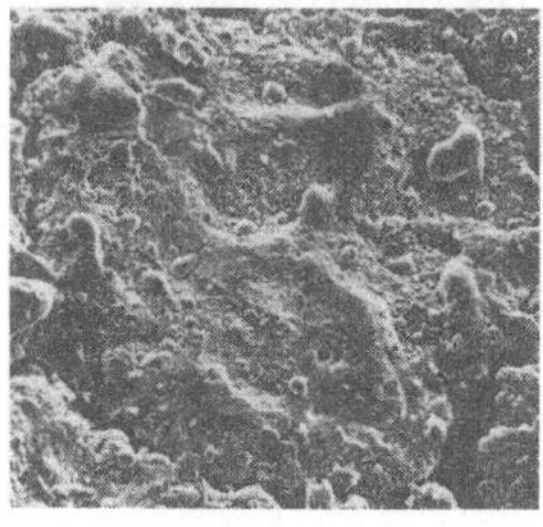

$t_i = 200\ \mu s$ ⊢——⊣ 50 µm

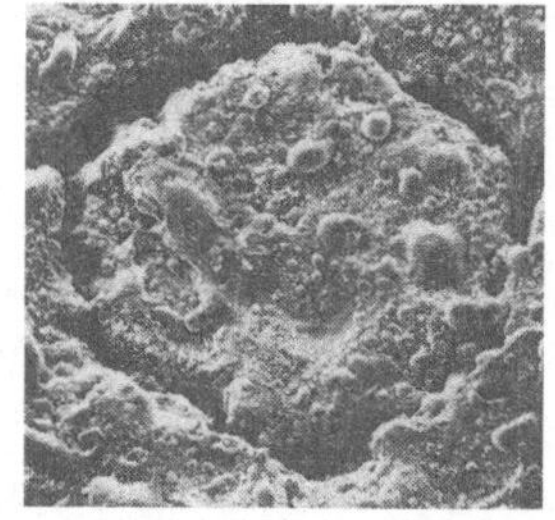

$t_i = 500\ \mu s$ ⊢——⊣ 50 µm

Versuchsbedingungen

WZ   : D (+)
WSt : 40 Cr Mn Mo S 8 6
$\hat{u}_i$: 100 V
$\bar{i}_e$: 40 A

Querschliffaufnahme

Oberfläche

$t_i = 500\ \mu s$ ⊢———⊣ 100 µm

Bild 41: Oberflächenausbildung von Kupferanoden bei verschiedener Impulsdauer und hohem Entladestrom

Neben den maschinenseitigen Einflußfaktoren beeinflussen die
Werkstoffeigenschaften die Rißbildung. Im wesentlichen sind
die im Zugversuch ermittelten Kennwerte entscheidend dafür,
ob die auftretenden Zugspannungen zu Rissen führen. Insbesondere treten bei abnehmender Bruchdehnung verstärkt Risse
auf (Bild 42). Trotz hoher Zugfestigkeit weisen die Elektroden B und D Risse und Ausbrüche auf, die die Güte der Werkstückoberfläche verschlechtern.

Werkstoffe, die eine Bruchdehnung unter 5 % haben, werden in
der Praxis als spröd bezeichnet. Bei einer Bruchdehnung von
über 5 % kann man von duktilen Schichten sprechen /82/.
Aufgrund der ermittelten Ergebnisse ist demnach besonders bei
der erosiven Bearbeitung mit hohen Entladeströmen (z.B.
$\bar{i}_e$ = 40 A) zu fordern, daß das abgeschiedene Kupfer duktil
ist. Dies trifft bei den untersuchten Werkstoffen für alle,
außer B und D, zu.

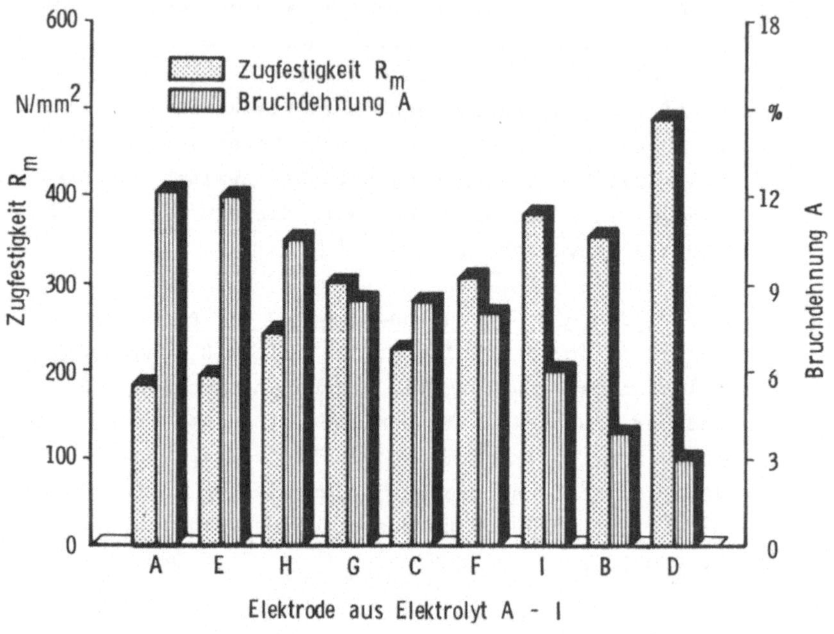

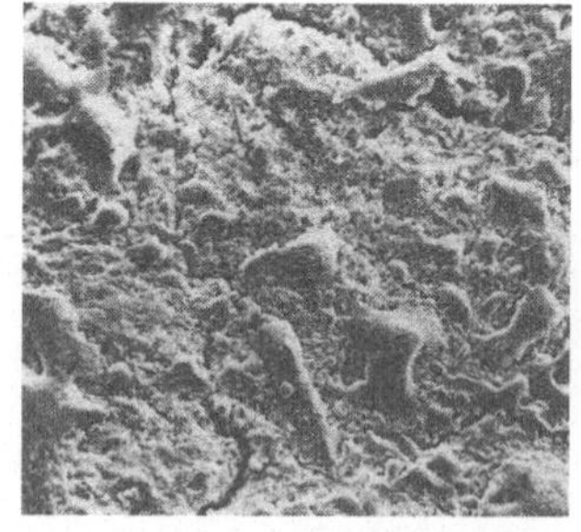
Elektrode A

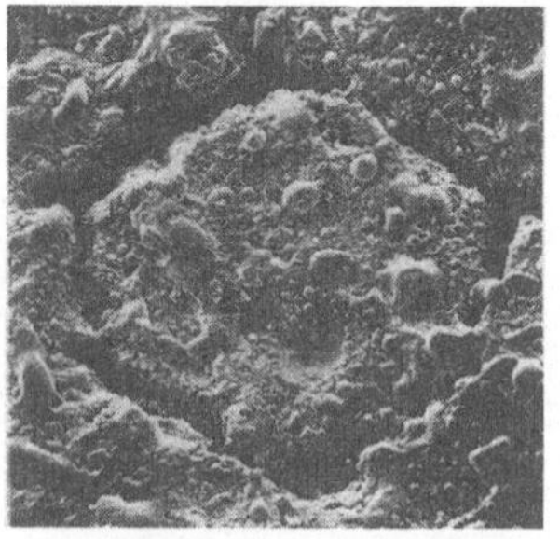
Elektrode D

Bild 42: Einfluß der im Zugversuch ermittelten Kennwerte auf die Rißbildung

Es hängt nicht allein von den Abtragkenngrößen ab, ob mit
einer galvanogeformten Elektrode erfolgreich erodiert werden
kann. Während Elektroden aus Vollmaterial solange verwendet
werden können, bis Maßänderungen infolge des Verschleißes
einen bestimmten Wert überschreiten, können bei galvanisch
hergestellten verschiedene Versagensursachen zum frühzeitigen
Ausfall der Elektrode führen. Die Ursachen für das Versagen
sollen ermittelt werden.

Dazu werden die Werkstoffeigenschaften sowie die Schichtdickenverteilung und die erreichbare Erodiertiefe bis zum
Versagen von Elektroden untersucht, die mit Elektrolyten
hergestellt werden, bei denen der Gehalt der organischen
Zusätze variiert wird. Es soll festgestellt werden, ob bei
einzelnen Elektrolytsystemen ein Zusammenhang zwischen
Eigenschaftsänderungen und den Erodierkennwerten besteht.

6.1   Elektrodenherstellung und Versuchsprogramm

Um den Einfluß der Bauteileigenschaften auf das Erodierergebnis zu ermitteln, muß eine geeignete Elektrodengeometrie
ausgewählt werden. Die Schichtdickenverteilung, sowie das
Auftreten der Winkelschwäche können an "Napfelektroden"
untersucht werden (Bild 43). Um vergleichbare Verhältnisse
mit den vorausgegangenen Versuchen zu erhalten, entsprechen
die Außenmaße der Näpfe denen der Plattenelektroden. Auch die
Herstellbedingungen werden nicht geändert (Bild 43).

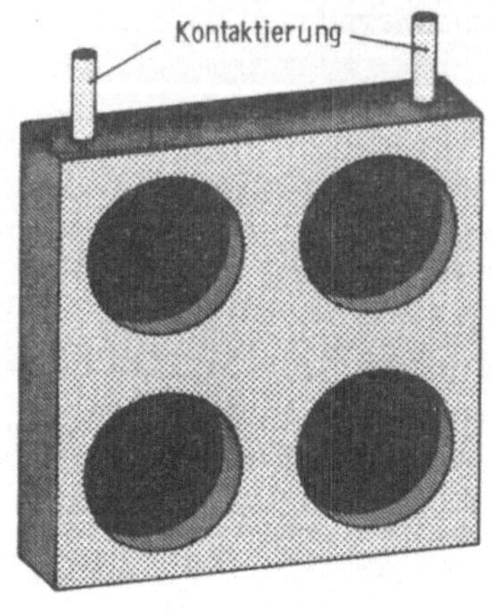

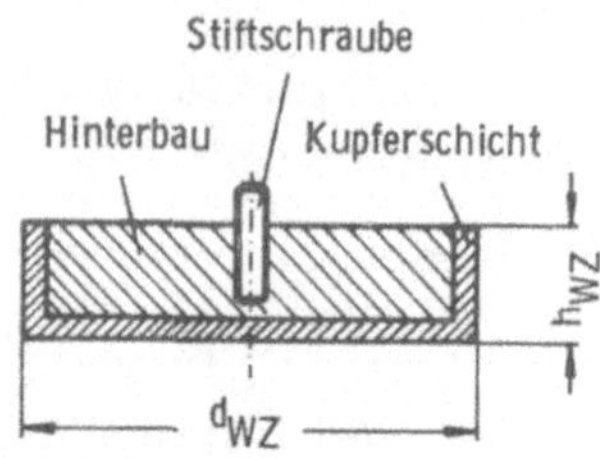

Elektrodendurchmesser d_{WZ} : 40 mm

Elektrodenhöhe $\quad h_{WZ}$: 10 mm

HERSTELLUNGSBEDINGUNGEN

Stromdichte i_E : $\quad$ 1A/dm^2

Beschichtungsdauer t_B : 168h

Elektrolyttemperatur T_E : 20...25^{0}C

BADMODELL $\qquad$ ERODIERELEKTRODE

Bild 43: Badmodell, Elektrodenabmessungen und Herstellbedingungen

Die Herstellung erfolgt mit dem in Kapitel 4.2.1 dargestellten Versuchsaufbau. Als Badmodell wird eine Epoxidharzform
verwendet, deren Frontfläche mit Silberleitlack elektrisch
leitfähig gemacht wird. Nach der galvanischen Abscheidung
werden die Näpfe mit einem aluminiumgefüllten Epoxidharz hin-
terfüttert. Zur Befestigung auf dem Elektrodenhalter wird
eine Stiftschraube mit eingegossen. Der Silberleitlack wird
mit Lösemittel abgewaschen, um eine Verfälschung bei der Verschleißbestimmung zu vermeiden. Außerdem werden die Elektroden getrennt, der Flansch wird entfernt und die Rückseite
der Elektroden plangedreht. Auch die Napfelektroden werden
einer Wärmebehandlung (2 h, 120 °C) unterzogen.

Als Werkzeugelektroden werden wiederum zylindrische Stahl-
scheiben mit Bohrung wie bei den bereits durchgeführten Versuchen eingesetzt (s. Bild 32, S.68).

Das weitere Versuchsprogramm muß aufgrund der Vielzahl zu
untersuchender Parameter eingeschränkt werden. Deshalb ist
es notwendig, eine geeignete Elektrolytauswahl zu treffen
(Bild 44).

	Elektrolyttyp 1									Elektrolyttyp 2							
Elektrolyt	D				L					E				I			
Kupfergehalt in g/l	50				60					20				20			
Schwefelsäuregehalt in g/l	55				55					180				180			
Chloridionengehalt in mg/l	30				-					50				60			
Zusatzgehalt in ml/l	3	6	9	12	5	10	20	30	40	4	8	12	16	2	4	6	8
kontinuierliche Nachdosierung	ja				nein					ja				nein			

Bild 44: Elektrolytvariation

Ausgewählt werden zwei verschiedene Elektrolyttypen, deren
anorganische Zusammensetzung sich wesentlich unterscheidet.
Elektrolyttyp 1 hat mittlere Gehalte an Kupfer und Schwefelsäure, während Elektrolyttyp 2 einen niedrigen Kupfer- und
einen hohen Schwefelsäuregehalt aufweist.

Bei Elektrolyttyp 1 liegt die Streufähigkeit des Grundan-
satzes nach Weiler /23/ bei etwa 10 Prozent, während der
Elektrolyttyp 2 eine Streufähigkeit von etwa 35 Prozent
besitzt und somit beim Grundansatz zu einer günstigeren
Schichtdickenverteilung führt.

Inwieweit durch die Variation der organischen Zusatzgehalte
die Schichtdickenverteilung beeinflußt wird, ist nicht
bekannt und soll ermittelt werden.

Als Vertreter der zwei genannten Elektrolyttypen werden die
Elektrolyte D, E, I und L gewählt. Elektrolyt L wird in die
Untersuchungen einbezogen, da seine Härte durch die Zugabemenge des organischen Zusatzes gezielt verändert werden kann.
Bei der Auswahl der Elektrolyte wird zudem darauf geachtet,
daß relativ große Konzentrationsbereiche der organischen
Zusätze möglich sind. Außerdem werden Zusatzsysteme gewählt,
bei denen eine Nachdosierung der Zusätze notwendig ist und
solche, bei denen auf die Nachdosierung verzichet werden
kann.

Die organischen Zusätze sind auf den jeweiligen Grundansatz
abgestimmt. Die Wirkung der einzelnen Zusatzsysteme, die aus
verschiedenen flüssigen Komponenten bestehen, hängt z.B. von
der Chlorid- und Schwefelsäurekonzentration ab. Deshalb ist
es nicht möglich, die Zusätze verschiedener Grundansätze
problemlos auszutauschen bzw. bei gleichbleibendem organi-
schem Zusatz die anorganische Zusammensetzung zu ändern.

Die genaue chemische Zusammensetzung und die Strukturen der
Zusätze sind unbekannt. Ob die in den ausgewählten Elektrolyten enthaltenen Zusätze in chemisch reiner Form vorliegen,
konnte nicht geklärt werden. Eine Untersuchung ergab ledig-
lich, daß die Elektrolyte L und I Bestandteile enthalten, die
zur Verbindungsklasse Polyäther gehören und deren Gehalt
chromatographisch erfaßt werden kann.

Bei der Versuchsdurchführung wird die Konzentration der jeweiligen Zusätze verändert. Die möglichen Konzentrationsbereiche wurden in Vorversuchen ermittelt, wobei z.B. das Auftreten unzulässig hoher innerer Spannungen als Grenze anzusehen ist.

Nach jedem Versuchsdurchgang werden die Grundansätze neu
angesetzt und der Zusatzgehalt erhöht (Bild 44, Seite 85).
Durch diese Vorgehensweise waren die Eigenschaftswerte und
Erodierkennwerte gut reproduzierbar.

Bei den Elektrolyten D und E müssen die organischen Zusätze
aufgrund des Verbrauchs (Einbau und/oder Zersetzung) nachdo-
siert werden. Beide Elektrolyte enthalten Bestandteile, deren
Gehalt spektralphotometrisch verfolgt werden kann. Die Nachdosierung erfolgt abhängig vom Durchsatz, so daß ein konstanter Gehalt dieser Bestandteile sichergestellt ist. Eine
starke Anreicherung von Zersetzungsprodukten im Elektrolyt
ist aufgrund des geringen Durchsatzes pro Versuch nicht zu
befürchten. Bei den Elektrolyten I und L ist eine kontinuierliche Nachdosierung bis zu einem Durchsatz von 40 Ah/l nicht
erforderlich. Beispielhaft wird an den Elektroden E und I die
Abhängigkeit der Härte vom Durchsatz dargestellt (Bild 45).

Während bei Elektrolyt I ohne Nachdosierung im Rahmen der
Meßgenauigkeit konstante Härtewerte ermittelt werden, sinkt
bei den Elektroden E die Härte mit steigendem Durchsatz zunächst stark. Ab einem Durchsatz von 20 Ah/l wird die Härte-
abnahme geringer. Durch das kontinuierliche Zudosieren des
organischen Zusatzes werden auch bei diesem Elektrolyt konstante Härtewerte erreicht. Inwieweit die anderen Werkstoffeigenschaften durch diese Maßnahme beeinflußt werden, kann
nicht vorausgesagt werden.

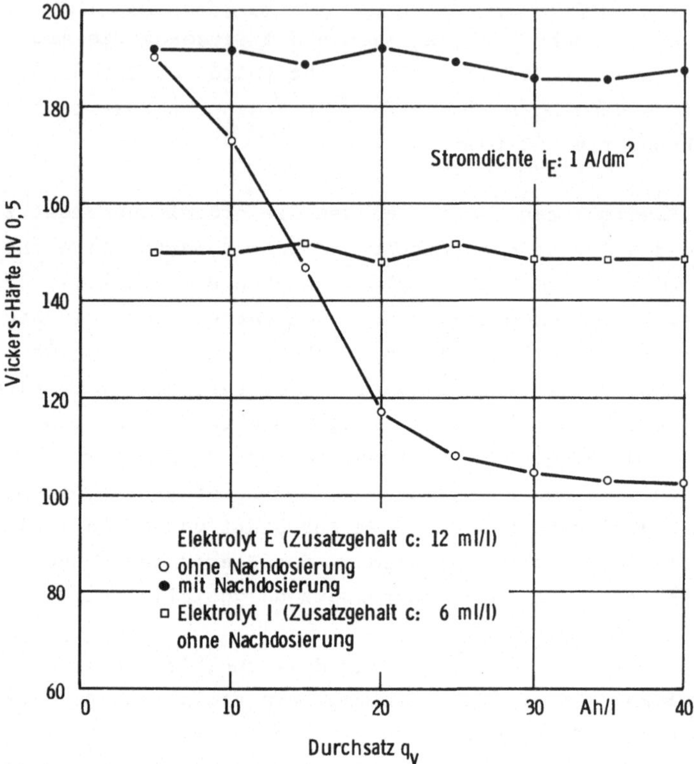

Bild 45: Einfluß des Durchsatzes und der Nachdosierung auf
die Härte

Bei der weiteren Versuchsdurchführung wird wie in Abschnitt
4.2.1 beschrieben vorgegangen. Die Zugfestigkeit, die Bruchdehnung und der spezifische elektrische Widerstand werden an
Folien gemessen. Die Härteprüfung sowie die Dichtebestimmung
erfolgt an den Näpfen.

Auf die Bestimmung des Schmelz- und Erstarrungspunktes und
der Dichte wird aufgrund der in Abschnitt 5 ermittelten
Ergebnisse verzichtet.

6.2   Durchführung der Erodierversuche

Für die Durchführung der Erodierversuche wird eine Einstellung mit hohem Verschleiß gewählt. Bei einem hohen Entladestrom ($\bar{I}_e$ = 40 A) und einer kurzen Impulsdauer (t_i = 50 µs) werden zum einen der relative Fehler bei der Verschleißbestimmung kleiner, zum anderen sind Werkstoffeinflüsse auf das Erodierergebnis deutlicher sichtbar. Außerdem führt der erhöhte Verschleiß zu einem früheren Versagen der Elektroden, was bei der Vielzahl der durchzuführenden Versuche von Vorteil ist. Zunächst werden die Abtrag- und Verschleißrate bestimmt. Anschließend wird solange erodiert, bis die Elektroden versagen. Die erreichte Erodiertiefe l_{Tmax} wird am Werkstück gemessen.

6.3   Versuchsergebnisse

6.3.1   Werkstoffeigenschaften und Erodierkennwerte

Bei Elektrolyt D ist eine starke Abhängigkeit der untersuchten Werkstoffeigenschaften vom Zusatzgehalt zu erkennen (Bild 46).

Die Härtewerte sowie die relative Widerstandserhöhung steigen mit zunehmender Zusatzkonzentration stark an. Das Kupfer weist einen maximalen Härtewert von HV 220 auf. Auffallend ist die Abnahme der Zugfestigkeit bei der Erhöhung des Zusatzgehaltes von 6 ml/l auf 9 ml/l.

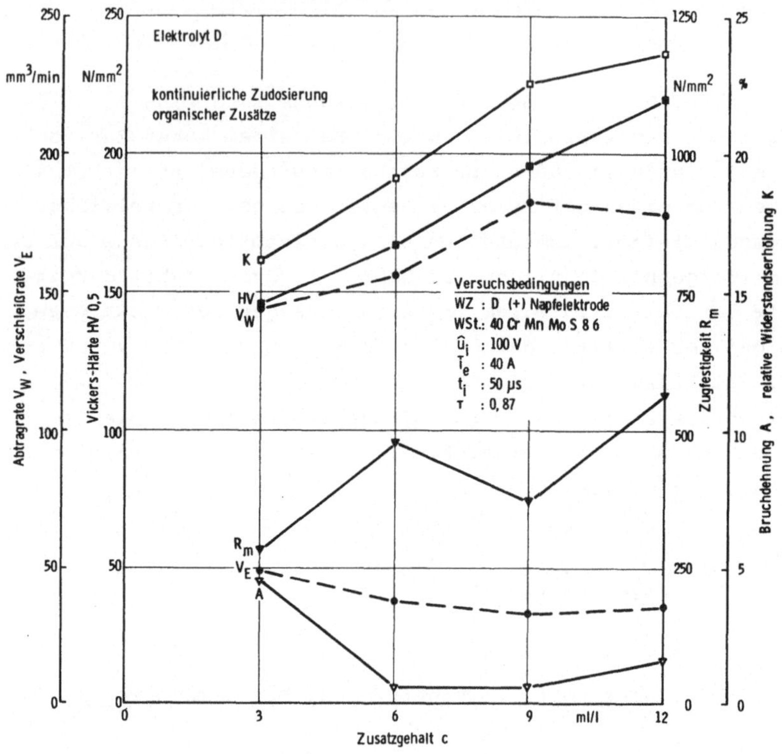

Bild 46: Werkstoffeigenschaften und Erodierkennwerte in Abhängigkeit vom Zusatzgehalt (Elektrolyt D)

Eine Erklärung für dieses Verhalten konnte mit den zur Verfügung stehenden Analysenmethoden nicht gefunden werden. Die abgeschiedenen Schichten sind ab einem Zusatzgehalt von 6 ml/l sehr spröde. Bei diesen extrem niedrigen Bruchdehnungswerten ist die Probenherstellung schwierig und es ist mit einem größeren Fehler zu rechnen. Die angegebenen Bruchdehnungs- und Zugfestigkeitswerte wurden jedoch mehrfach reproduziert.

Bei den Erodierkennwerten ist bei höheren Zusatzgehalten eine bessere Abtragrate und eine etwas geringere Verschleißrate zu erkennen, wobei sich die Werte ab einem Zusatzgehalt von 9 ml/l kaum noch ändern.

Die Elektroden L zeigen sowohl bei den Werkstoffeigenschaften als auch bei den Erodierkennwerten ähnliches Verhalten wie die Elektroden D (Bild 47).

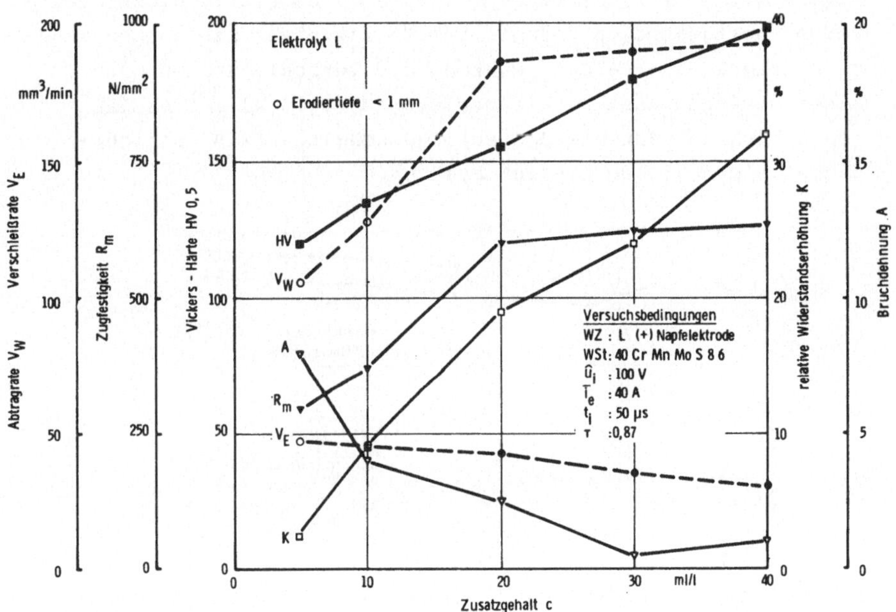

Bild 47: Werkstoffeigenschaften und Erodierkennwerte in Abhängigkeit vom Zusatzgehalt (Elektrolyt L)

Die Zugfestigkeit steigt mit zunehmendem Zusatzgehalt bis zu einem Wert von ca. 600 N/mm² rasch an und erhöht sich dann nur noch geringfügig. Ab einer Zusatzkonzentration von 20 ml/l liegen die Bruchdehnungswerte weit unter 5 Prozent.

Bei Elektrolyt L muß berücksichtigt werden, daß die geringen
Abtragraten bei niedriger Zusatzkonzentration durch die
geringe Schichtdicke und niedrige erreichbare Erodiertiefe
(Kap. 6.3.2) beeinflußt werden.

Vergleichsversuche mit Plattenelektroden, die mit den gleichen Herstellbedingungen mit Elektrolyt L abgeschieden wurden, zeigen, daß die verbesserten Erodierkennwerte bei höherer Zusatzkonzentration nicht auf die geänderten Werkstoffeigenschaften zurückzuführen sind. Mit den Plattenelektroden
werden weitgehend unabhängig vom Zusatzgehalt nahezu konstante Abtragraten erreicht, während die Verschleißraten nach
einem geringen Anstieg kleiner werden (Bild 48). Dies läßt
den Schluß zu, daß die Bauteileigenschaften (z.B. Schichtdicke) einen großen Einfluß ausüben.

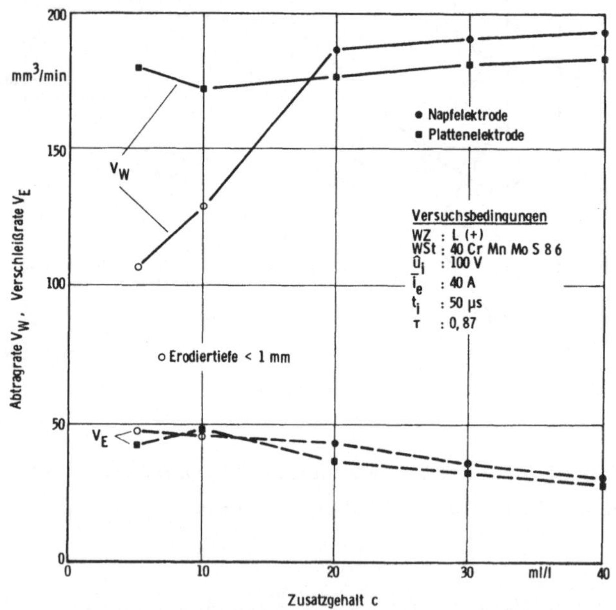

Bild 48: Vergleich der Abtrag- und Verschleißraten von
         Platten- und Napfelektroden

Bei Elektrolyt E werden die mechanisch-technologischen Eigenschaftswerte des Kupfers vom Zusatzgehalt im Bad nur geringfügig beeinflußt (Bild 49). Dies deutet darauf hin, daß die Elektrodenprozesse, die die Werkstoffeigenschaften bestimmen, nur wenig vom Angebot an organischen Stoffen im Elektrolyt abhängen. Auffallend ist, daß auch bei höheren Zusatzkonzentrationen hohe Härtewerte bei niedrigen Werten der relativen Widerstandserhöhung auftreten. Die Härte des Kupfers ist wohl weniger auf den chemischen Fehlordnungscharakter zurückzuführen, als auf physikalische Fehlordnungen (z.B. Versetzungen, Stapelfehler). Trotz der hohen Härte werden Bruchdehnungswerte von ca. 10 % gemessen. Die Zugfestigkeit liegt im Bereich von 250 N/mm^2 bis 320 N/mm^2. Bei den Erodierkenngrößen ergeben sich unabhängig vom Zusatzgehalt gleichbleibende Werte.

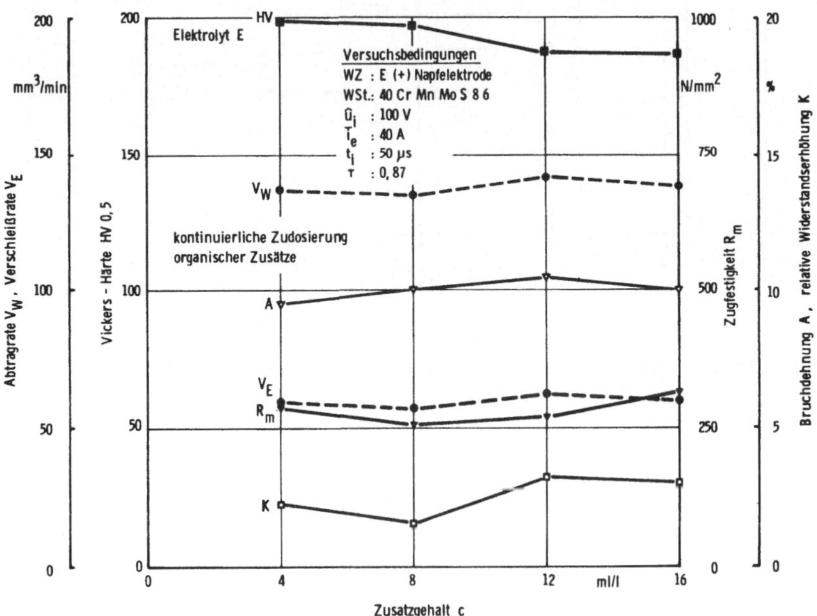

Bild 49: Werkstoffeigenschaften und Erodierkennwerte in Abhängigkeit vom Zusatzgehalt (Elektrolyt E)

Der Einfluß des Zusatzgehaltes auf die Werkstoffeigenschaften
und die Erodierkennwerte ist bei Elektrolyt I als gering zu
bezeichnen (Bild 50).

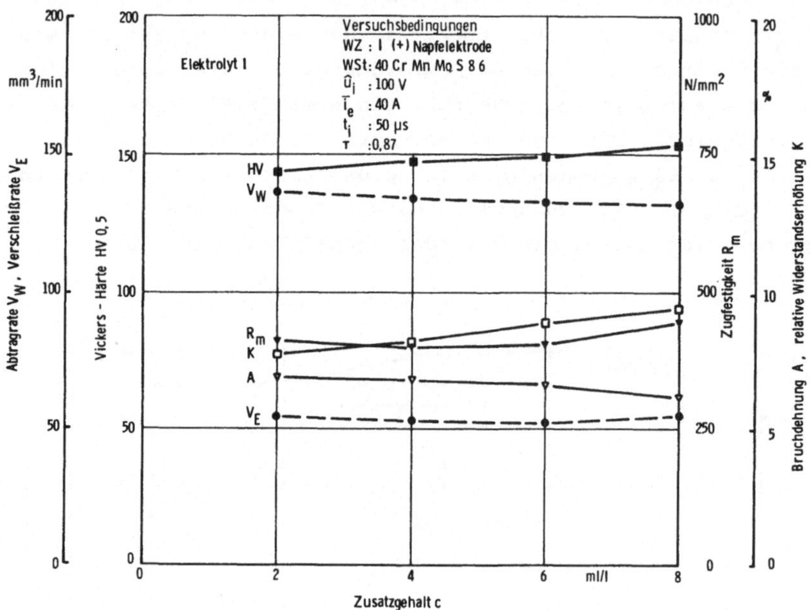

Bild 50: Werkstoffeigenschaften und Erodierkennwerte in
Abhängigkeit vom Zusatzgehalt (Elektrolyt I)

Die Erodierkennwerte der Elektroden werden anhand des Abtrag-
verhältnisses K_E verglichen (Bild 51). Die höchsten Werte
weisen die Elektroden D und L auf, d.h. wenn nur die Abtrag-
und Verschleißrate zur Beurteilung herangezogen würde, wären
Elektrolyt D mit einem Zusatzgehalt von 9 ml/l und Elektrolyt
L mit einem Zusatzgehalt von 40 ml/l für die Galvanoformung
von Kupferelektroden am besten geeignet.

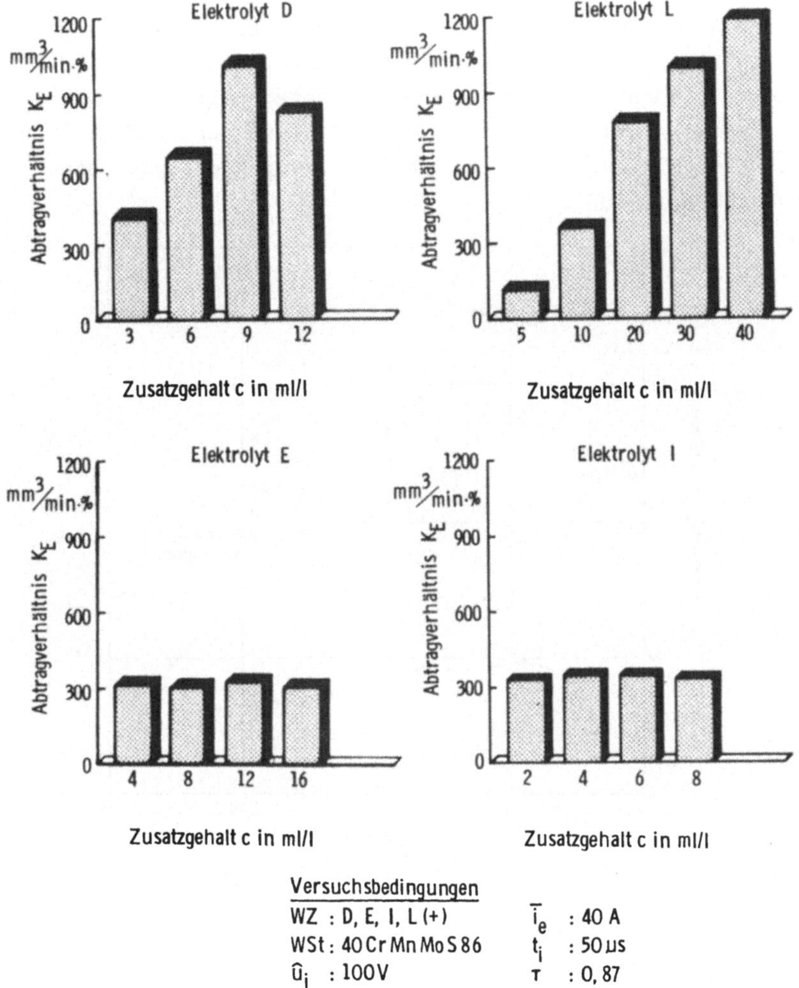

Bild 51: Abtragverhältnisse der untersuchten Elektrolyte

Durch die Änderung des Zusatzgehaltes werden bei den Elektrolyten D und L die Werkstoffeigenschaften stark beeinflußt. Indirekt kann sich der geänderte Zusatzgehalt auch auf die Erodierkennwerte auswirken. Einen Einfluß scheint bei manchen Elektroden die Änderung der Reinheit der Kupferschichten auszuüben (Bild 52).

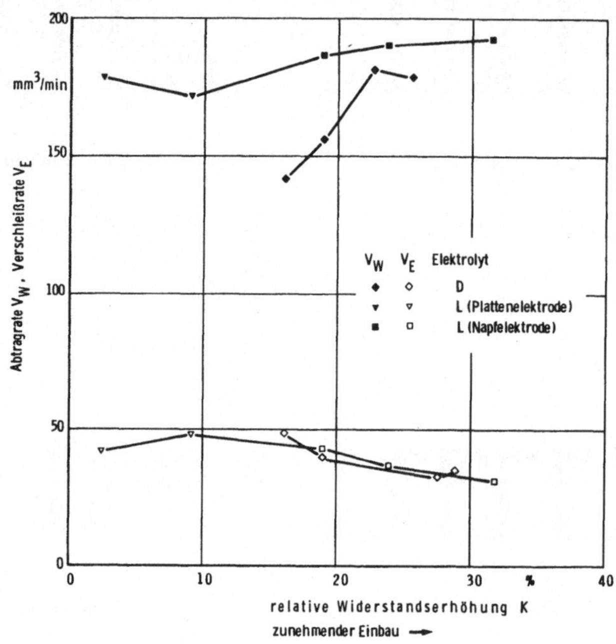

Bild 52: Einfluß der relativen Widerstandserhöhung auf die Abtrag- und Verschleißrate

Bei den Elektrolyten E und I sind die Unterschiede der relativen Widerstandserhöhung gering und die Erodierkennwerte ändern sich kaum. Bei Elektrolyt D steigt die Abtragrate mit zunehmender relativer Widerstandserhöhung bis zu einem Maximalwert. Gleichzeitig fällt die Verschleißrate mit steigendem Einbau. Bei den Elektroden L ist dieses Verhalten weniger

stark ausgeprägt. Schon bei geringer relativer Widerstandserhöhung werden mit ihnen günstige Erodierkennwerte erreicht,
und die Abtragkennwerte ändern sich mit zunehmendem Einbau
nur noch geringfügig.

Die Ursache für die Verbesserung der Abtragkennwerte könnte
bei den Elektrolyten D und L eine Gefügeänderung sein, die
die Werkstoffeigenschaften und den Erodierprozeß günstig
beeinflußt (s. Kap. 6.3.2.2).

6.3.2   <u>Ermitteln der erreichbaren Erodiertiefe</u>

Vielfach wird behauptet, galvanogeformte Elektroden würden
vor Ende der Bearbeitung versagen. Um hierüber eine Aussage
machen zu können, müssen zunächst die Anforderungen an die
Standzeit einer Elektrode näher definiert werden.

Der Einsatz des Erodierens mit galvanogeformten Elektroden im
Hohlformwerkzeugbau ist schon ausführlich beschrieben worden
/52/. Deshalb sollen hier nur einige wichtige Zusammenhänge
wiederholt und erläutert werden.

Hohlformwerkzeuge werden durch Fräsen vorbearbeitet. Das
durch Erodieren abzutragende Aufmaß beträgt normalerweise
etwa 0,3 bis 0,5 mm. Je nach Lage der zu bearbeitenden Fläche
ist die Elektrodenkante unterschiedlich lang im Eingriff. Bei
Flächen ohne Konturneigungswinkel entspricht die Erodiertiefe
etwa der Gravurtiefe (Bild 53).

Umso größer der Konturneigungswinkel ist, desto geringer ist
die in Vorschubrichtung liegende Erodiertiefe (Bild 54). Bei
Fächen, die senkrecht zur Vorschubrichtung liegen, muß nur
das Aufmaß abgearbeitet werden.

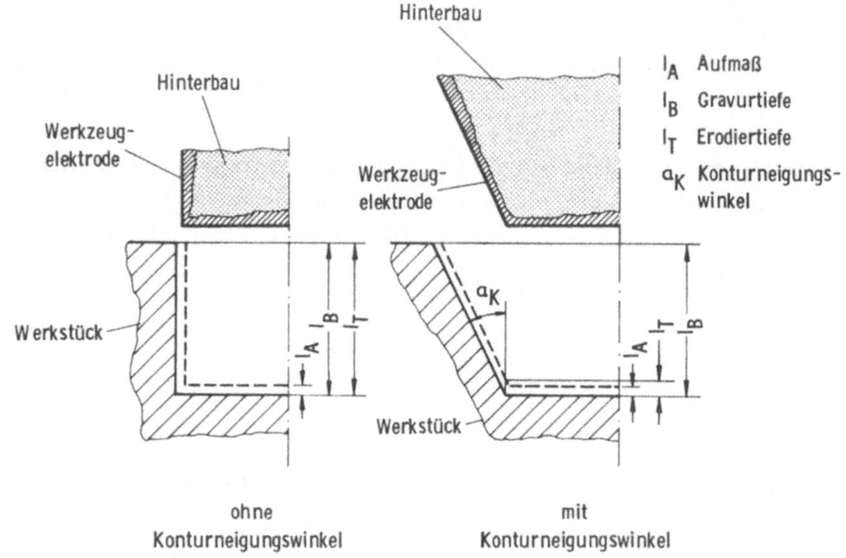

Bild 53: Erodieren mit und ohne Konturneigungswinkel
(vereinfachte Darstellung ohne Berücksichtigung
des Funkenspaltes)

Schon bei einem Winkel von 1 ° ist bei einem Aufmaß von
0,5 mm die Erodiertiefe nur noch etwa 30 mm. Daraus ergibt
sich die Forderung, daß Werkzeuge, die durch Funkenerosion
bearbeitet werden, möglichst einen Konturneigungswinkel
aufweisen sollen, um die Erodiertiefe und die Kantenbelastung gering zu halten.

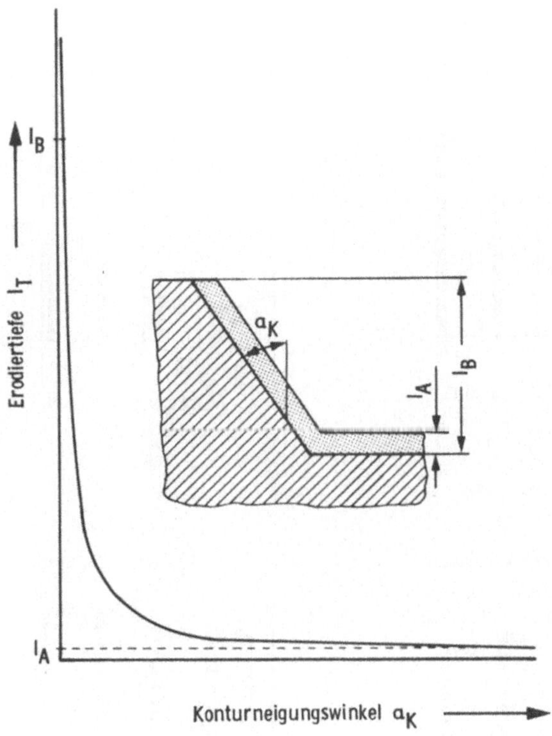

Bild 54: Einfluß des Konturneigungswinkels auf die
Erodiertiefe

Die experimentelle Ermittlung der erreichbaren Erodiertiefe
l_{Tmax} bis zum Versagen der Elektrode erfolgt mit einer Maschineneinstellung mit hohem Verschleiß (Bild 55). Die erreichbaren Erodiertiefen sind mit den in der Praxis gebräuch-
lichen Einstellungen wesentlich höher.

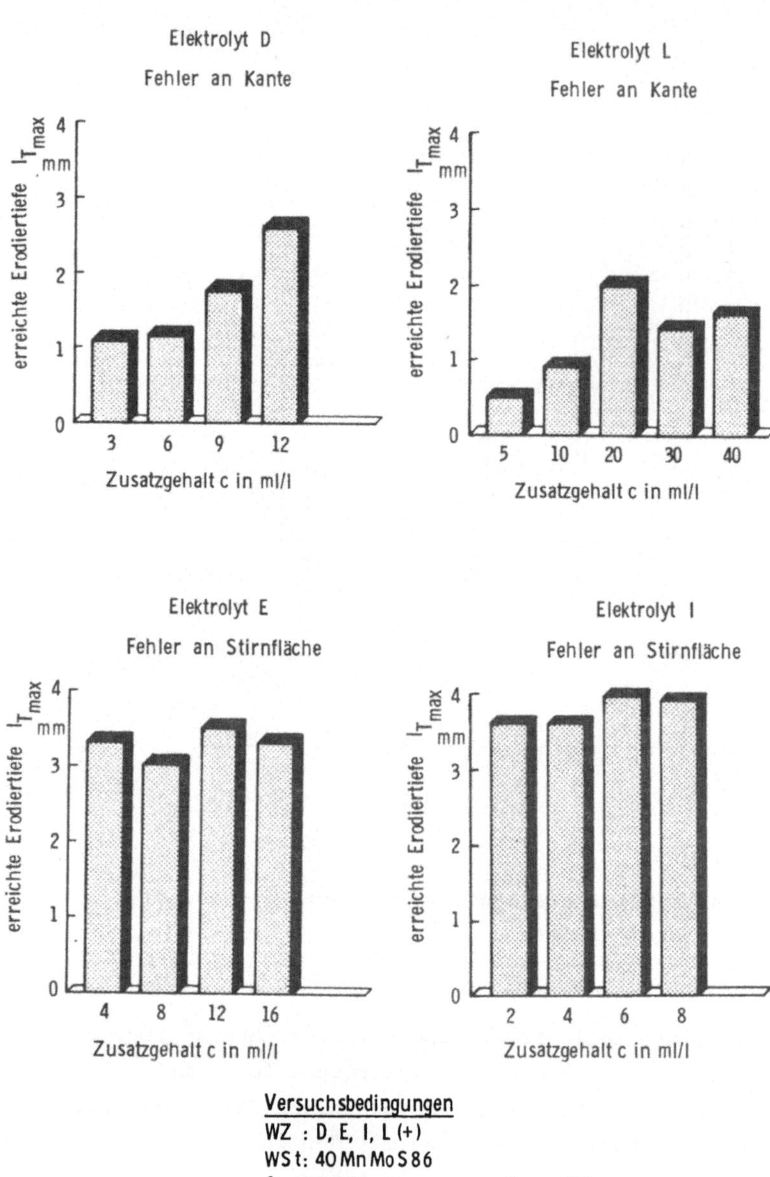

Bild 55: Erreichte Erodiertiefe und Versagensarten

Die günstigsten Werte werden mit den Elektroden I und E erreicht. Mit ihnen kann erodiert werden, bis durch den Verschleiß an der Stirnfläche die Kupferschicht versagt (Bild 56). Diese Versagensart wird stark von der Mindestschichtdicke am Napfboden beeinflußt. Bei den Elektroden E tritt teilweise auch ein Versagen an der Kante auf.

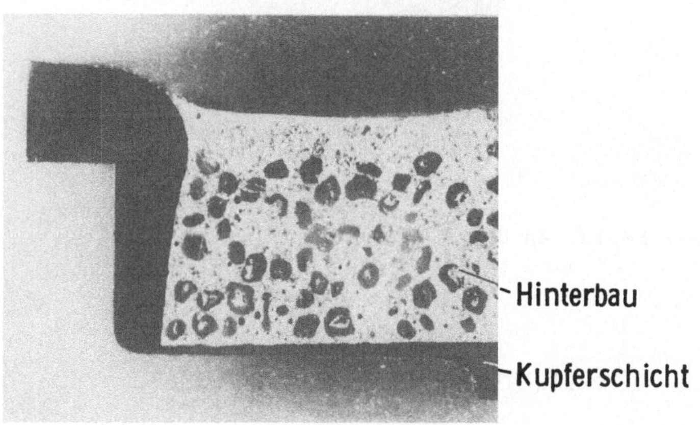

Bild 56: Elektrode kurz vor dem Versagen an der Stirnfläche

Bei den Elektroden D und L treten schon nach relativ geringer Erodierdauer bzw. -tiefe Fehler auf (Bild 57). Diese Elektroden versagen alle durch den Bruch an der Kante (s.a. Bild 62, S. 108). Um Aussagen über die Versagensursachen machen zu können, werden im weiteren die Schichtdickenverteilung sowie die Gefügeeigenschaften der Elektroden untersucht.

Bild 57: Fehler an der Kante einer Napfelektrode

6.3.2.1 Schichtdickenverteilung an Näpfen

Bei der Herstellung von Erodierelektroden ist eine möglichst
gleichmäßige Schichtdicke s auf der gesamten Elektrodenoberfläche anzustreben. Die örtlichen Schichtdickenwerte werden
am Querschliff mit Hilfe eines Profilprojektors ermittelt.
Die Elektroden D und L haben im Kantenbereich eine stark ver-
ringerte Schichtdicke. Diese Erscheinung wird beispielhaft
bei Elektrolyt L dargestellt (Bild 58).

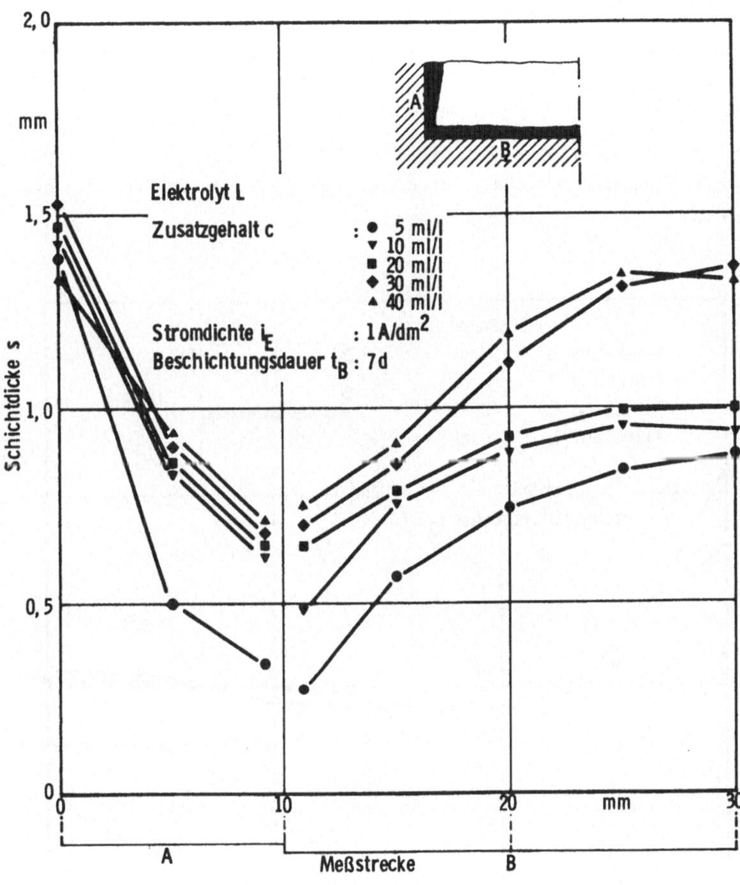

Bild 58: Einfluß des Zusatzgehaltes auf die Schichtdicke
          (Elektrolyt L)

Gleichmäßige Schichtdicken im Bodenbereich werden mit den
Elektrolyten E und I erreicht, die aufgrund ihrer anorga-
nischen Zusammensetzung eine gute Streufähigkeit besitzen
(Bild 59).

Vergleicht man die jeweils besten Ergebnisse der Schichtdickenverteilung (Bild 59), so ist festzustellen, daß die Elektroden E und I eine fast doppelt so große Mindestschichtdicke aufweisen, wie die Elektroden D und L. Diese Unterschiede können bei komplizierten Geometrien (z.B. bei engen Schlitzen) noch größer werden.

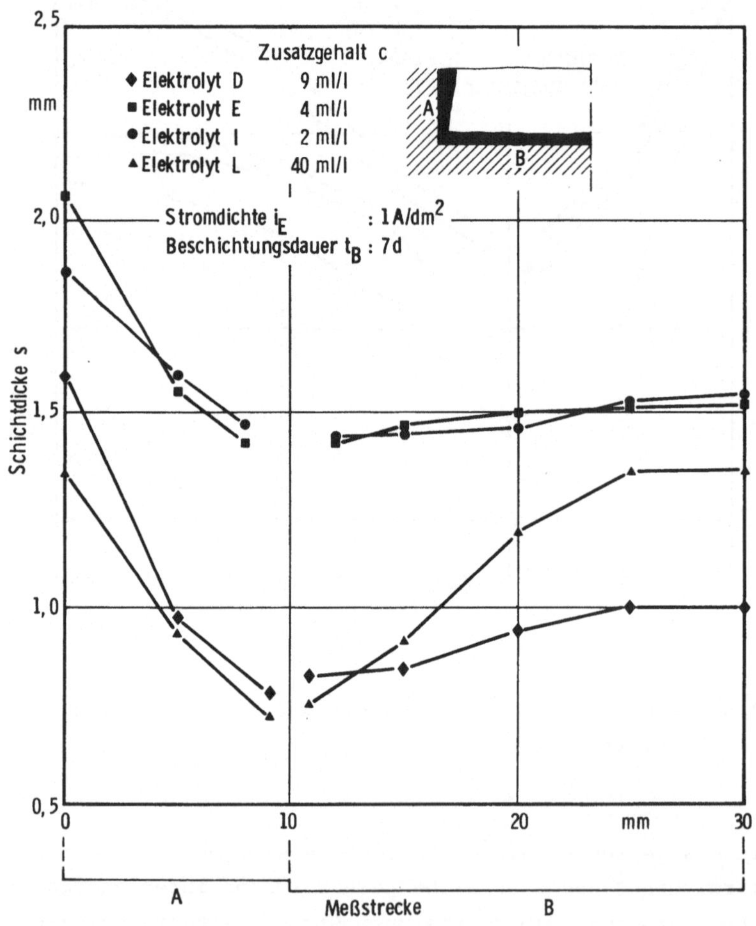

Bild 59: Vergleich der ermittelten Schichtdicken

Bei erhöhtem Zusatzgehalt ergibt sich bei Elektrolyt L eine
Verbesserung der Schichtdickenverteilung und somit eine Erhöhung der Mindestschichtdicke (Bild 60). Bei den Elektrolyten D, E und I ist der Einfluß des Zusatzgehaltes geringer.

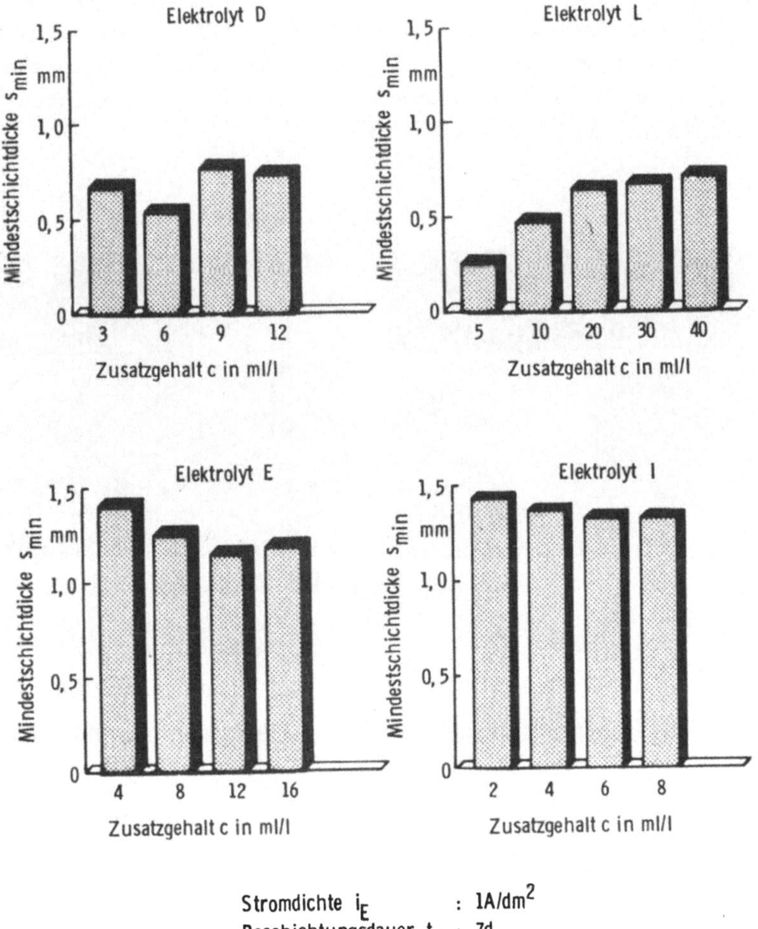

Bild 60: Mindestschichtdicke bei verschiedenen Elektrolyt-
zuständen

Die ungünstigen Ergebnisse hinsichtlich der Mindestschicht-
dicken (Bild 60, S. 105) bei den Elektrolyten D und L sind
auf die geringe Streufähigkeit ihrer anorganischen Grundzusammensetzung zurückzuführen /9/, die auch durch die Zugabe
organischer Zusätze nicht wesentlich verbessert wird. Deutlich ist bei diesen Elektroden ein stärkeres Schichtwachstum
an den Außenkanten festzustellen, als bei den Elektroden E
und I (Bild 61).

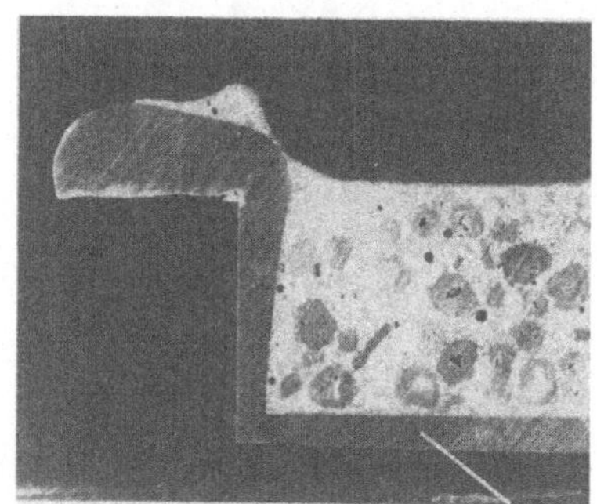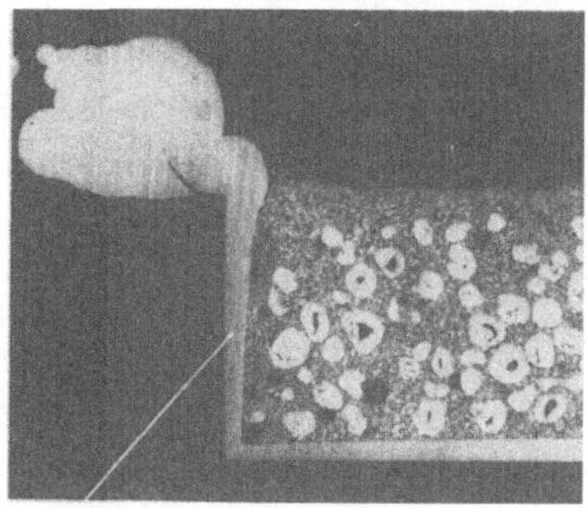

Kupferschicht

gute
Schichtdickenverteilung
(Elektroden E und I)

schlechte
Schichtdickenverteilung
(Elektroden D und L)

Stromdichte i_E : $1\ A/dm^2$
Beschichtungsdauer t_B : 7 d

Bild 61: Schichtdickenverteilung an Napfelektroden

6.3.2.2 <u>Gefüge und Winkelschwäche</u>

Bei den untersuchten Elektrolyten werden sehr unterschiedliche Gefüge und damit auch eine verschieden stark ausgeprägte Neigung zum Versagen durch Bruch an der Kante festgestellt. Es stehen keine Prüfverfahren zur Verfügung, mit denen die Winkelschwäche ermittelt werden kann und die Rückschlüsse auf die erreichbare Erodiertiefe zulassen. Deshalb wurden die Elektroden einer praxisnahen Prüfung unterzogen (s. Kap. 6.3.2).

Bei geringer Zusatzkonzentration bildet sich bei Elektrolyt D ein säulenförmiges, grobkörniges Gefüge mit starker Orientierung. Durch Erhöhen der Zusatzkonzentration wird das Gefüge feinkörniger und weist eine geringere Richtungsabhängigkeit auf (Bild 62). Bei allen untersuchten Elektroden D ist eine ausgeprägte Winkelschwäche zu erkennen. Sie versagen durch Bruch an der Kante. Trotzdem wird bei etwa gleicher Mindestschichtdicke (s. Bild 60, S. 105) mit dem feinkörnigeren Gefüge eine über doppelt so hohe Erodiertiefe erreicht wie bei grobkörnigem Gefüge (s. Bild 55, S. 100).

Eine ähnliche Tendenz ist bei Elektrolyt L festzustellen. Beim Erhöhen des Zusatzanteils wird das Gefüge feinkörniger. Die erreichbare Erodiertiefe wird größer. Dies dürfte zum einen auf die günstigere Gefügestruktur, zum anderen auf die erhöhte Mindestschichtdicke zurückzuführen sein. Trotzdem ist die Kantenschwäche vorhanden.

Elektrolyt D vor dem Erodieren

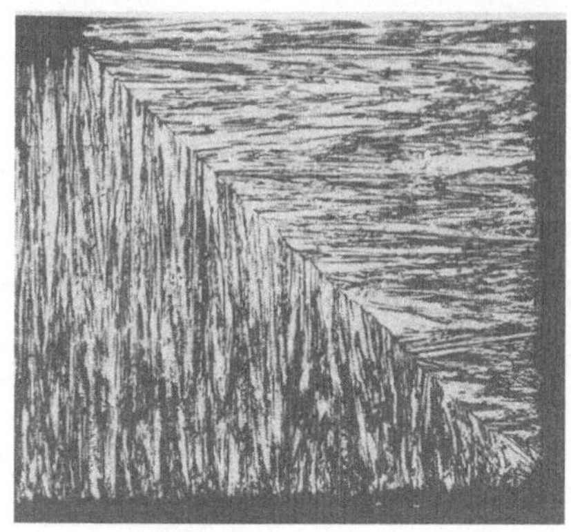

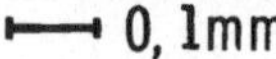

nach dem Erodieren

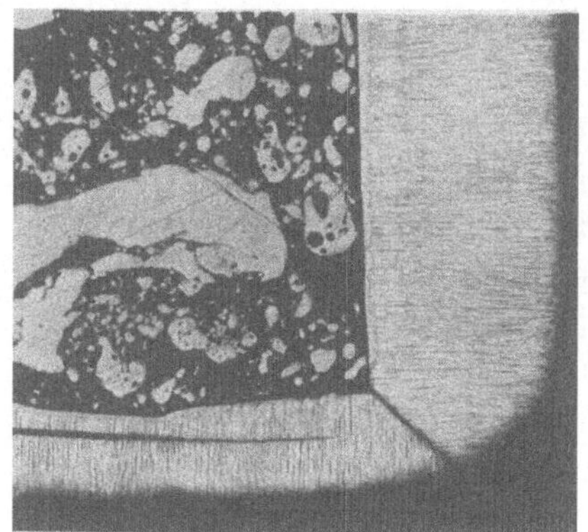

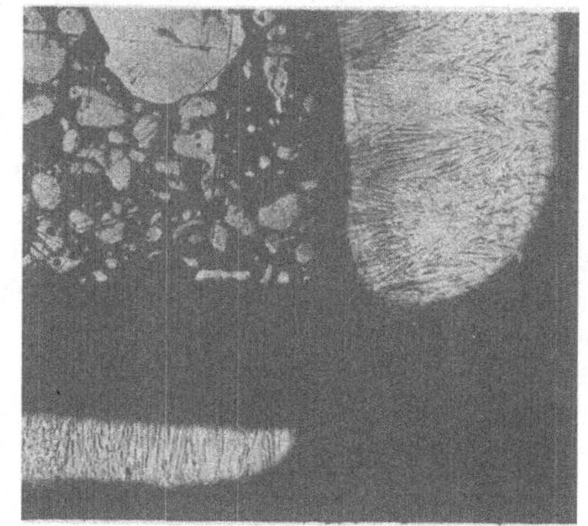

Bild 62: Versagen durch Fehler an der Kante (Elektrolyt D)

Elektrolyt E weist bei allen untersuchten Zusatzkonzentrationen ein feinkörniges, gerichtetes Gefüge auf (Bild 63).
Im Querschliff ist eine leichte Winkelschwäche zu erkennen.
Bei den Erodierversuchen treten sowohl Fehler an der Kante
sowie Fehler an den Stirnflächen auf.

Elektrolyt E

Zusatzgehalt c : 16ml/l

⊢——⊣ 0,2mm

Bild 63: Gefüge Elektrolyt E

Der Kantenbruch tritt jedoch immer erst auf, wenn die Kupfer-
dicke an der Frontseite sehr gering ist, d.h. die erreichbare
Erodiertiefe wird nicht wesentlich durch die Kantenschwäche
beeinflußt.

Elektrolyt I weist unabhängig vom Zusatzgehalt ein feinkörniges, ungerichtetes Gefüge auf (Bild 64). Eine Winkelschwäche
ist nicht zu erkennen. Ein Fehler an der Kante tritt nicht
auf.

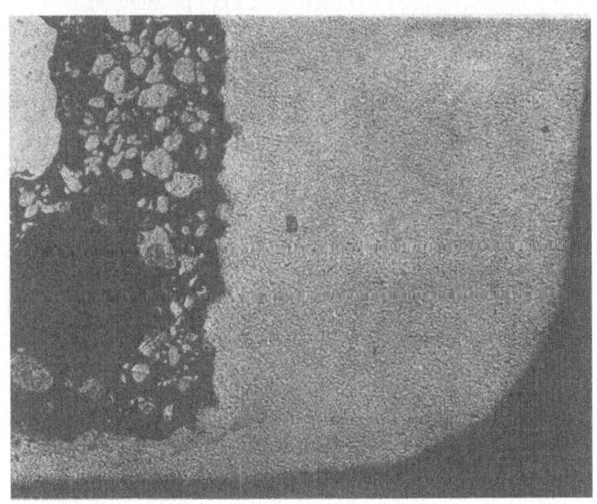

Elektrolyt I

Zusatzgehalt c : 6ml/l

⊢——⊣ 0,2mm

Bild 64: Gefüge Elektrolyt I

6.4   <u>Vergleich der untersuchten Elektrolyte</u>

Beim Vergleich werden folgende Parameter berücksichtigt:

- erreichte Erodiertiefe,
- Abtragrate,
- Verschleißrate und
- Mindestschichtdicke (Bild 65).

Bei der Beurteilung muß die Fertigungssicherheit hoch bewertet werden, da vorzeitiges Versagen der Elektrode zu hohen Ausfallzeiten und Kosten führen kann. Deshalb sind jeweils die Werte der Elektrode dargestellt, mit der die größte Erodiertiefe erreicht wurde. Unter Berücksichtigung aller angeführten Parameter erweist sich Elektrolyt I als der geeignetste zur Herstellung von Erodierelektroden. Mit den Elektroden I werden die größten Erodiertiefen erreicht. Allerdings liegen deren Erodierkennwerte ungünstiger als diejenigen der Elekroden L und D, deren Einsatz aber aufgrund des frühzeitigen Auftretens von Fehlern an den Kanten zu Problemen führen kann.

Die Elektroden E weisen nur eine geringfügig schlechtere erreichbare Erodiertiefe auf und ihre Abtragrate liegt sogar etwas höher als bei Elektrolyt I, ihre Verschleißrate ist jedoch höher. Außerdem hat Elektrolyt I den Vorteil, daß die Badführung sehr einfach ist bzw. daß keine kontinuierliche Nachdosierung der teuren Badzusätze erforderlich ist.
Günstig ist bei den Elektrolyten E und I, daß Konzentrationsunterschiede der organischen Zusätze, die in der Praxis schwer zu vermeiden sind, keinen wesentlichen Einfluß auf die Erodiereigenschaften haben.

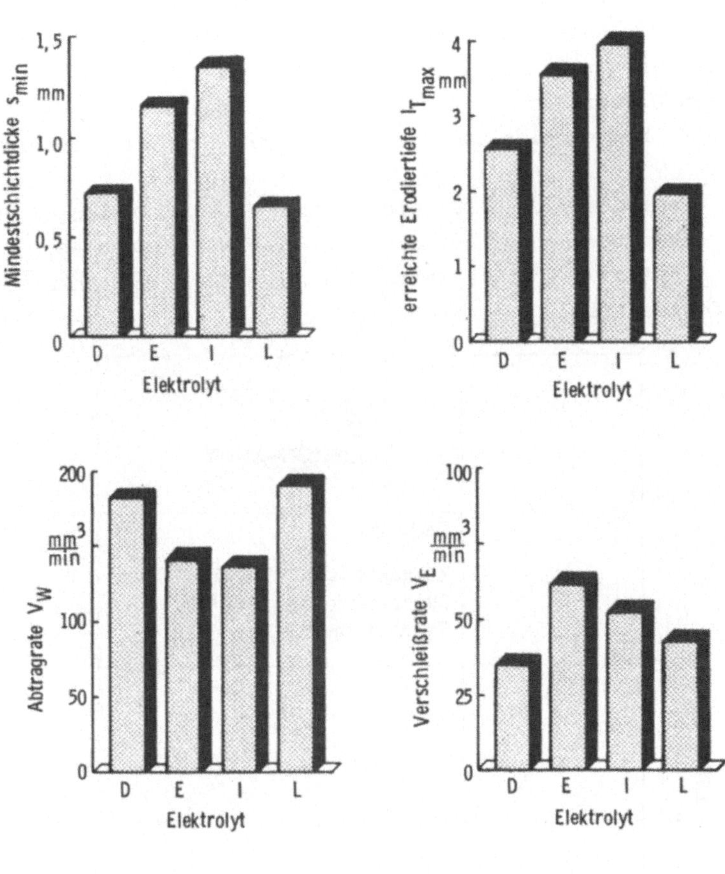

Bild 65: Vergleich der untersuchten Elektroden

Um die günstigen Erodierkennwerte von Elektrode L (s. Bild 51, S. 95) ausnutzen zu können, wird untersucht, ob durch die Erhöhung der Kupferschichtdicke und durch das Anbringen von Kantenradien die Standzeit der Elektroden verbessert wird. Dazu werden Elektroden mit Elektrolyt L mit einem Zusatzgehalt von 40 ml/l hergestellt und die erreichbare Erodiertiefe ermittelt.

Bei einer dreifachen Beschichtungsdauer erhöht sich die Mindestschichtdicke nur auf den doppelten Wert (Bild 66). Dies ist auf das verstärkte Schichtwachstum an den Außenkanten zurückzuführen.

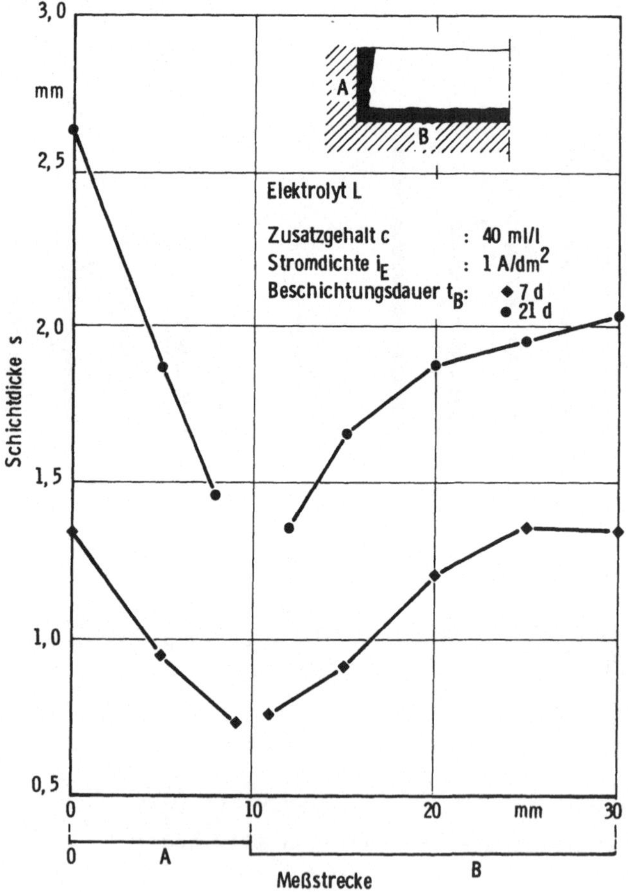

Bild 66: Einfluß der Abscheidedauer auf die Schichtdicke

Zur Ermittlung der erreichbaren Erodiertiefe wird eine praxisnahe Maschineneinstellung verwendet. Auch bei dieser Einstellung werden sehr günstige Abtrag- und Verschleißraten erzielt, die nur unwesentlich vom Kantenradius bzw. der Beschichtungsdauer beeinflußt werden. Durch Erhöhen der Abscheidedauer auf 3 Wochen wird die erreichbare Erodiertiefe zwar verbessert, aber auch diese Elektroden versagen durch Kantenbruch (Bild 67). Durch das Anbringen einer Kantenverrundung lassen sich günstigere Ergebnisse erreichen. Schon bei einem Radius von 1 mm wird die doppelte Erodiertiefe erreicht. Versagensursache ist auch bei diesen Elektroden der Kantenbruch, obwohl der Mittelpunkt der Kantenabrundung noch nicht erreicht ist. Das Verrunden der Kanten erhöht die erreichbare Erodiertiefe, der Kantenbruch kann aber nicht vermieden werden. Als weiterer Nachteil ist anzusehen, daß bei der gewählten Maschineneinstellung Risse an der Elektrodenoberfläche auftraten, die zu sichtbaren Fehlern am Werkstück führten.

Der Elektrolyt L eignet sich somit nur für die Herstellung unkomplizierter Geometrien mit großen Radien, die nur geringere Beschichtungsprobleme (Schlitze, Bohrungen) aufweisen. Es ist stets abzuschätzen, ob die Verringerung der Erodierdauer, die durch seine günstigen Erodierkennwerte möglich ist, in einem zulässigen Verhältnis zum Risiko des Versagens durch Kantenbruch und zum Auftreten von Fehlern infolge der Rißbildung steht. Außerdem ist zu berücksichtigen, daß die mechanische Bearbeitung beim Hinterfüttern durch die hohe Härte und die große Sprödigkeit erschwert ist.

Elektrolyt L

Zusatzgehalt c : 40 ml/l

Stromdichte i_E : 1 A /dm^2

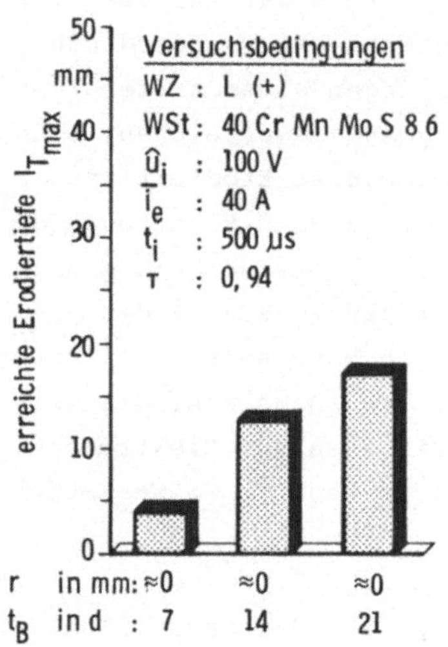

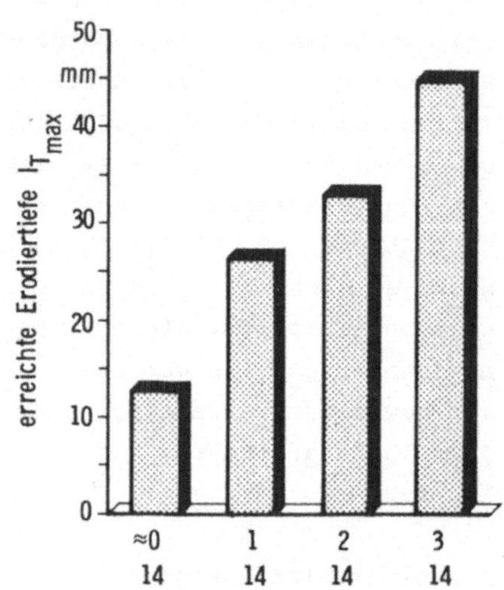

Bild 67: Einfluß des Kantenradius sowie der Beschichtungsdauer auf die erreichbare Erodiertiefe

   EINSATZGRENZEN GALVANISCH
HERGESTELLTER ELEKTRODEN

Zunächst wird ermittelt, ob mit dem gewählten Elektrolyt
gleichbleibende Ergebnisse über eine längere Einsatzdauer
erreicht werden. Dazu werden die Elektrodeneigenschaften
sowie die Abtragkenngrößen in Abhängigkeit vom Durchsatz
bestimmt, der üblicherweise als Kenngröße dafür dient, mit
welcher Ladungsmenge der Elektrolyt belastet wurde.

Bei der Auswahl geeigneter Einstellparameter der Erodieranlage muß neben den Abtragkenngrößen auch die geforderte Oberflächenrauheit des Werkstückes berücksichtigt werden. Es ist
nicht möglich, gleichzeitig eine maximale Abtragrate, eine
minimale Verschleißrate und eine geringe Oberflächenrauheit
zu erreichen. Deshalb ist zu untersuchen, zu welchen Rau-
heitswerten der Einsatz galvanisch hergestellter Elektroden
bei verschiedenen Maschineneinstellungen führt. Insbesondere
ist der Einfluß der maschinenseitigen Parameter Entladestrom
und Impulsdauer zu ermitteln.

Zum anderen sind spezifische Probleme, die sich durch die
Elektrodenherstellung durch Galvanoformung ergeben zu berücksichtigen. Teilweise wird die Aussage gemacht, galvanogeformte Elektroden hätten aufgrund ihres Gefügeaufbaus einen
extrem hohen Kantenverschleiß. Inwieweit dies zutrifft, wird
im Vergleich zu Elektrolytkupfer ermittelt.

Der Einfluß der Schichtdicke der Elektrode auf die Erodierkennwerte sowie die erreichbare Erodiertiefe soll bestimmt
werden. Für die Untersuchungen werden Elektroden mit Elektrolyt I mit einem Zusatzgehalt von 6 ml/l hergestellt.

7.1   <u>Einfluß des Durchsatzes</u>

Zur Durchführung der Versuche werden Kupferfolien und Kupferelektroden hergestellt (s. Kap. 4.2 und 6.1). Unabhängig vom
Durchsatz werden bei den mit Elektrolyt I hergestellten
Proben und Elektroden fast konstante Werte sowohl für die
mechanisch-technologischen Kennwerte als auch für die Abtrag-
und Verschleißrate ermittelt (Bild 68).

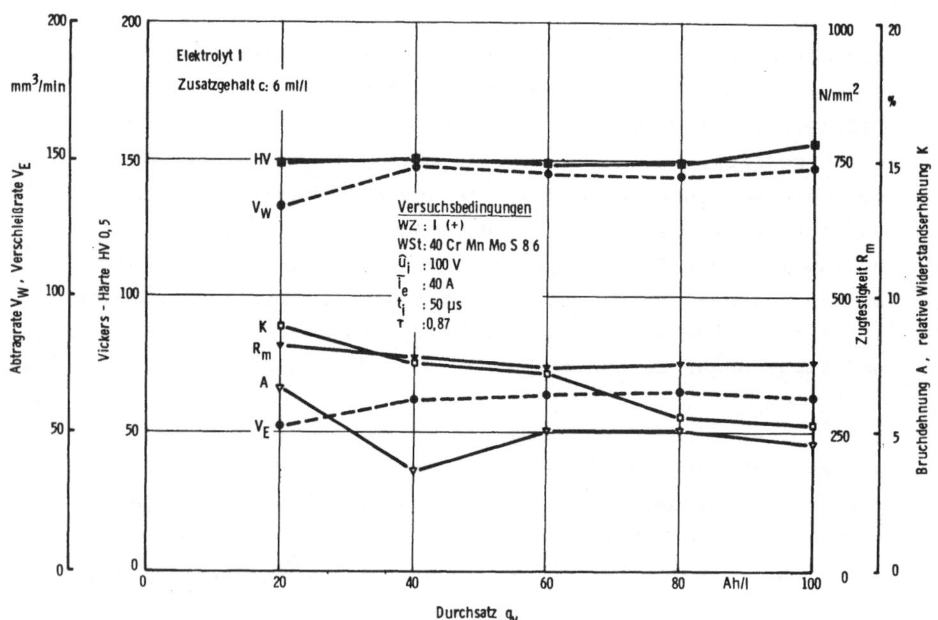

Bild 68: Werkstoffeigenschaften und Erodierkennwerte in
Abhängigkeit von Durchsatz (Elektrolyt I)

Dagegen ist eine Abnahme des Organikgehalts im Elektrolyt zu
vermuten, da die relative Widerstandserhöhung geringer wird.
Dies wird durch die chromatographische Bestimmung des Gehal-
tes an Verbindungen der Klasse Polyäther bestätigt.

Der nachweisbare Zusatzgehalt nimmt kontinuierlich ab und
beträgt nach 100 Ah/l noch 85 % der Ausgangskonzentration.
Auch die Mindestschichtdicke sowie die erreichbare Erodiertiefe werden bis zu einem Durchsatz von 100 Ah/l nicht
wesentlich verschlechtert (Bild 69). Bei einer zulässigen
Badbelastung in dieser Größe können pro Liter Elektrolyt über
100 g Kupfer abgeschieden werden. Danach wird der Elektrolyt
erneuert. Da im untersuchten Bereich kein gravierender Einfluß des Durchsatzes auf die Erodierkenngrößen festgestellt
wird, entfällt im weiteren die Bezeichnung des Elektrolytzustandes.

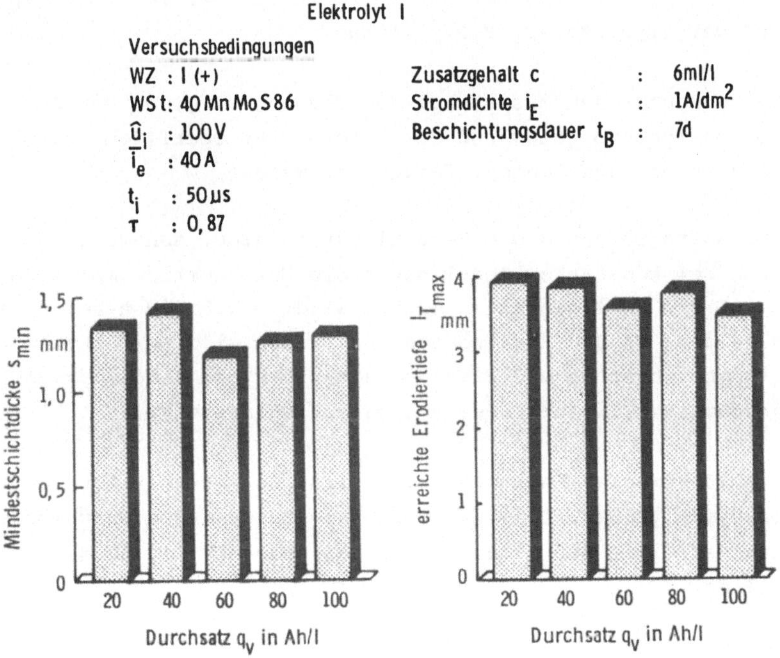

Bild 69: Mindestschichtdicke und erreichte Erodiertiefe
in Abhängigkeit vom Durchsatz

Elektrolyt I kann in der Praxis problemlos eingesetzt werden.
Im untersuchten Bereich wird mit ihm eine gleichbleibende
Qualität der Elektroden erreicht.

7.2 <u>Einfluß der Einstellparameter auf die Abtrag-</u>
<u>kennwerte und die Oberflächengüte</u>

Die Durchführung der Versuche erfolgt im weiteren, sofern
nicht anders angegeben, mit napfförmigen Elektroden (s. Kap.
6.1), die eine Mindestschichtdicke von ca. 2 mm aufweisen
(Beschichtungsdauer t_B = 14 d, Stromdichte i_E = 1 A/dm²).

Den größten Einfluß auf die Abtragkennwerte und die Rauheit
übt die Einstellung des mittleren Entladestromes (Bild 70)
und der Impulsdauer (Bild 71) aus.

Diese Kenngrößen müssen bei der Planung aufgrund der Art des
Bearbeitungsvorgangs und der geforderten Oberflächengüte
(Schruppen, Schlichten) festgelegt werden.

Die Abtragrate und die Verschleißrate nimmt nahezu linear zu,
wenn bei konstanter Impulsdauer die Entladestromamplitude und
damit die Entladeenergie erhöht wird. Durch die höhere Ener-
giedichte an den Elektrodengrenzflächen wird bei höheren
Strömen an Anode und Kathode mehr Werkstoff verdampft und
geschmolzen, wodurch der Volumenabtrag ansteigt.

Mit zunehmender Entladeenergie wird der arithmetische Mittenrauhwert größer. Dies ist durch die Zunahme des Durchmessers
und der Tiefe der Einzelkrater bei jeder Entladung zu er-
klären.

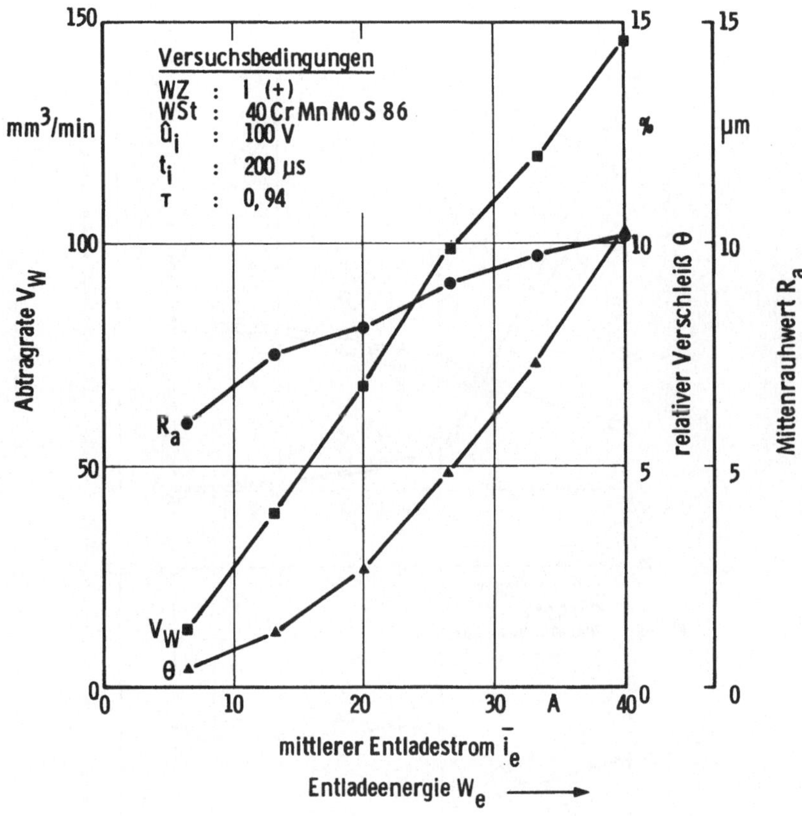

Bild 70: Einfluß des Entladestromes auf die Abtragkennwerte
und den Mittenrauhwert

Wird die Entladeenergie durch Verlängern der Impulsdauer
erhöht, ergeben sich wesentlich andere Verhältnisse
(Bild 71).

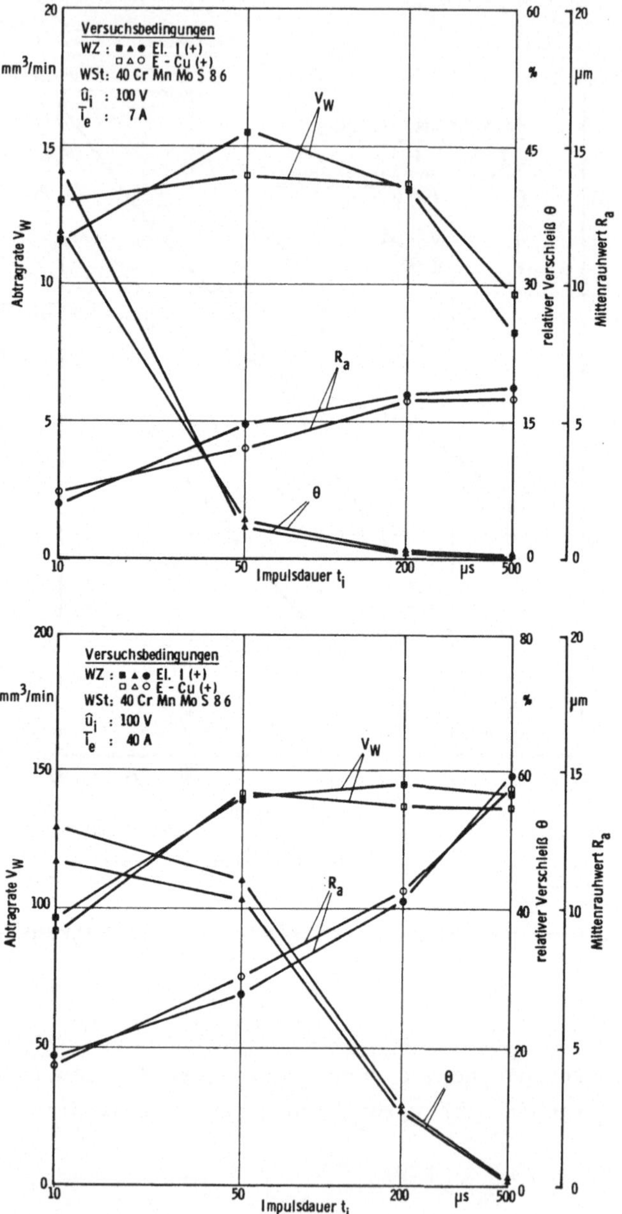

Bild 71: Vergleich der Abtragkennwerte und des Mittenrauh-
wertes bei Elektrolyt I und Elektrolytkupfer

Mit zunehmender Impulsdauer steigt die Abtragrate bis zu
einem Maximum an und nimmt dann ab, wobei für kleine Entlade-
stromstärken die optimale Impulsdauer bei niedrigeren Werten
liegt. Der relative Verschleiß wird mit zunehmender Impulsdauer kleiner. Die Erodiereigenschaften der galvanisch hergestellten Elektroden weichen von denen der Elektroden aus
Elektrolytkupfer nur geringfügig ab.

Interessant sind die Ergebnisse der Rauheitsmessung. Die
Rauheit der galvanisch hergestellten Elektroden weist keine
größeren Werte auf als die Elektroden aus Elektrolytkupfer
(Bild 72). Eine starke Rißbildung ist nicht festzustellen.

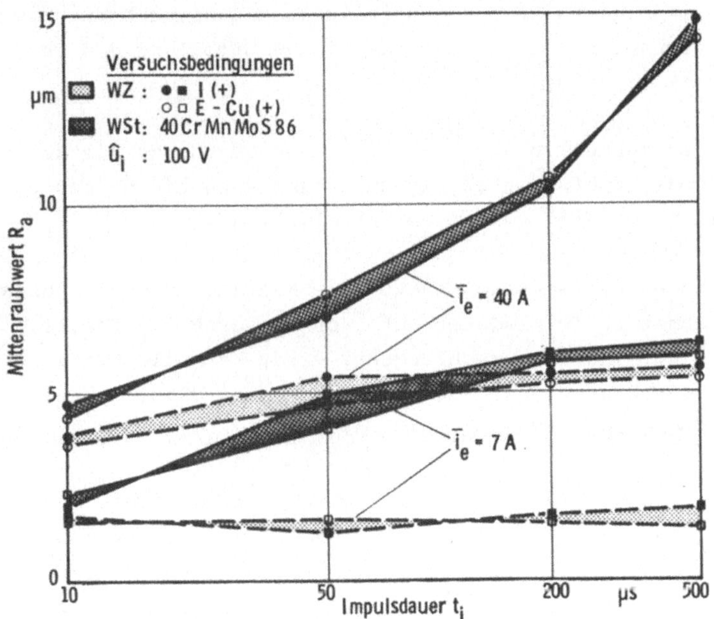

Bild 72: Mittenrauhwert in Abhängigkeit vom Entladestrom
und der Impulsdauer

Dies ist ein weiterer Hinweis auf die Güte des galvanischen Kupfergefüges, das sich beim Einsatz von Elektrolyt I ergibt. Beim Erodieren mit galvanogeformten Elektroden wird der Mittenrauhwert sowohl des Werkstücks als auch des Werkzeugs fast gleich wie beim Erodieren mit Elektroden aus Elektrolytkupfer.

7.3   <u>Untersuchung des Kantenverschleißes</u>

Bei Elektrode I tritt kein Bruch an der Kante auf. Ihre Einsatzgrenzen werden im wesentlichen durch den Verschleiß bestimmt. An Kanten und Ecken von Elektroden ist der Verschleiß infolge hoher Entladungsdichte besonders hoch. Die Kantenverrundung ist von der Maschineneinstellung und der Erodiertiefe abhängig (Bild 73).

Nach einem schnellen Anstieg der Kantenverrundung bis zu einer Erodiertiefe von ca. 10 mm ergibt sich ein nahezu proportionaler Anstieg mit der Erodiertiefe.

Bei gleichem Entladestrom tritt eine kleinere Kantenabrundung mit zunehmender Impulsdauer auf. Wenn dadurch die Oberflächengüte unzulässig verschlechtert wird, kann die Kantenabrundung durch Verringern des Entladestromes günstig beeinflußt werden (Bild 74).

Im Vergleich zu Elektrolytkupfer weisen die galvanisch gefertigten Elektroden bei höherem Entladestrom eine etwas höhere Kantenabrundung auf, während bei einem mittleren Entladestrom von 20 A praktisch keine Unterschiede festgestellt werden. In der Praxis sollte deshalb mit relativ niedrigen Entladeströmen und hoher Impulsdauer gearbeitet werden, sofern die geforderte Oberflächengüte erreicht wird.

Werden Bearbeitungsbedingungen gewählt, bei denen schon bei
geringer Erodiertiefe eine große Kantenabrundung auftritt,
sollte überprüft werden, ob bei der Herstellung der Elektroden die Kanten des Badmodells mit Radien versehen werden
können. Radien in der Größenordnung von 0,5 bis 1 mm beeinflussen in diesem Fall bei großer Erodiertiefe die erreichbare Abbildungsgenauigkeit kaum, führen aber beim Beschichten
zu einer günstigeren Metallverteilung und zu einer geringeren
Neigung der Elektroden zum Kantenbruch.

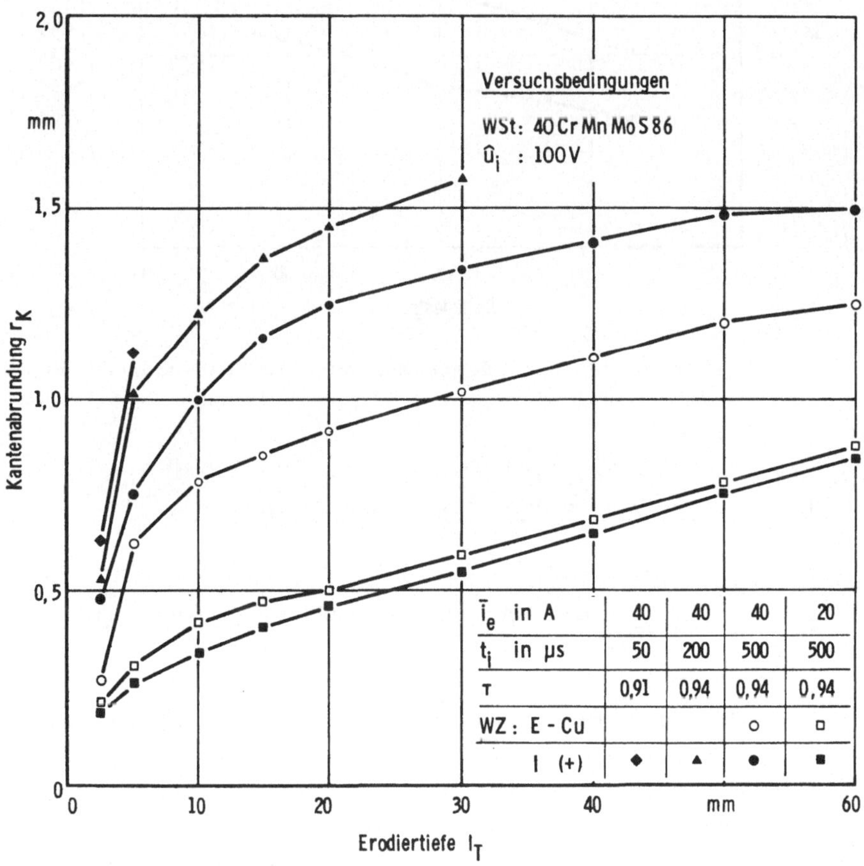

$\bar{i}_e$ in A	40	40	40	20
t_i in µs	50	200	500	500
τ	0,91	0,94	0,94	0,94
WZ: E - Cu			○	□
I (+)	◆	▲	●	■

Bild 73: Einfluß der Erodiertiefe und des Entladestromes
auf die Kantenabrundung

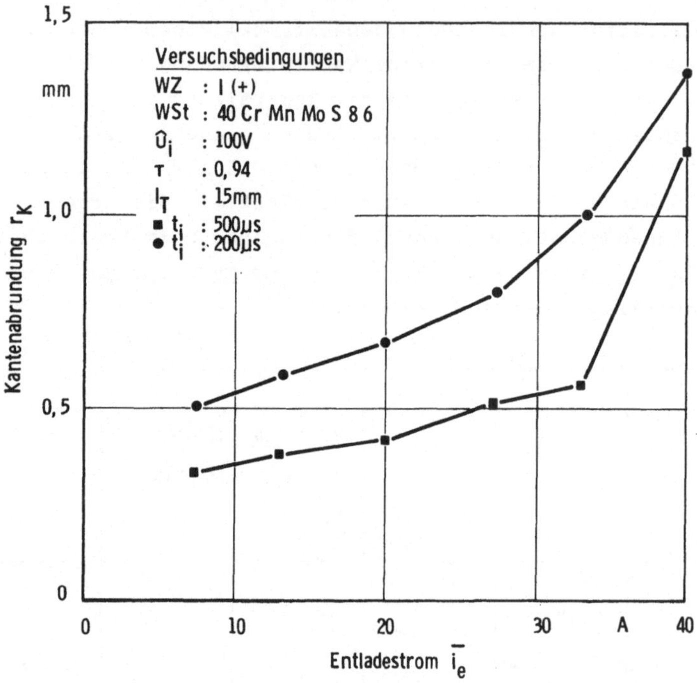

Bild 74: Einfluß des Entladestromes auf die Kantenabrundung

7.4   Ermittlung der notwendigen Schichtdicke

7.4.1   Einfluß der Schichtdicke auf die Abtragkenngrößen

Der Einfluß der Schichtdicke auf die Abtragrate und den relativen Verschleiß wird am Beispiel von Elektrode I mit einer praxisnahen Maschineneinstellung untersucht. Zu diesem Zweck werden Elektroden mit unterschiedlicher Schichtdicke durch Variation der Beschichtungsdauer hergestellt (Bild 75).

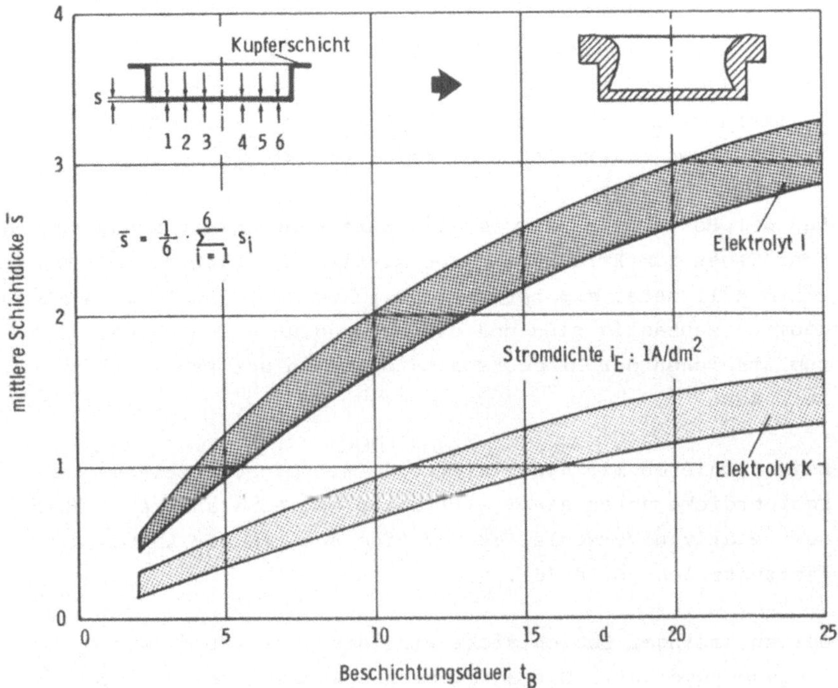

Bild 75: Einfluß der Beschichtungsdauer auf die mittlere
Schichtdicke

Die mittlere Schichtdicke $\bar{s}$ ist das arithmetische Mittel aus
sechs am Napfboden gemessenen Werten. Diese Angabe ist zulässig, da aufgrund der gleichmäßigen Metallverteilung am
Napfboden die Mindestschichtdicke nur unwesentlich von diesem
Wert abweicht.

Die Schichtdicke im Bodenbereich nimmt mit der Beschichtungsdauer zu. Bei erhöhter Abscheidedauer wächst die Schicht im
Bodenbereich langsamer, da die tatsächliche Stromdichte in
diesem Bereich durch das verstärkte Wachstum an den Außenkanten geringer wird. Bei sehr langer Beschichtungsdauer
nähert sich die Schichtdicke einem Maximalwert, dessen Größe
von der Geometrie sowie von den Beschichtungsbedingungen und

der Elektrolytzusammensetzung abhängt. So weist z.B. Elektrolyt I gegenüber dem Grundansatz ohne organische Zusätze (Elektrolyt K) eine wesentlich günstigere Schichtdickenverteilung bzw. höhere Bodenschichtdicke auf.

Bei der Betrachtung der relativ kurzen Beschichtungsdauer von fünf Tagen zum Erreichen einer mittleren Schichtdicke von ca. einem Millimeter muß berücksichtigt werden, daß diese Werte geometrieabhängig sind und die notwendige Beschichtungsdauer zum Erreichen der Mindestschichtdicke in der Praxis länger sein kann.

Beim Erodieren mit einer Elektrode mit einer mittleren Schichtdicke unter einem Millimeter ist eine starke Zunahme des relativen Verschleißes und eine Abnahme der Abtragrate festzustellen (Bild 76).

Bei zu geringer Schichtdicke wird die entstehende Wärme nur langsam abgeführt. Der entstehende Wärmestau kann zu Verformungen und Abhebungen der Kupferschicht vom Hinterbau führen. Dadurch kommt eine geringere Fläche der Elektrode in Eingriff, was zu instabilem Lauf der Maschine führt. Bei sehr geringen Schichtdicken versagen die Elektroden vielfach schon nach kurzer Erodierdauer, bevor eine ausreichende Stabilität des Erodierprozesses erreicht ist. Durch Optimieren der Maschineneinstellungen (z.B. Entladestrom, Durchflußmenge des Dielektrikums) sowie des Hinterfütterungssystems läßt sich die erforderliche Mindestschichtdicke wahrscheinlich weiter reduzieren.

Um eine ausreichende Fertigungssicherheit zu erreichen, ist beim heutigen Stand der Technik eine Mindestschichtdicke im Bereich von einem Millimeter anzustreben. Diese Schichtdicke ist außerdem meist aufgrund der geforderten Erodiertiefe bzw. Bearbeitung mehrerer Werkzeuge notwendig.

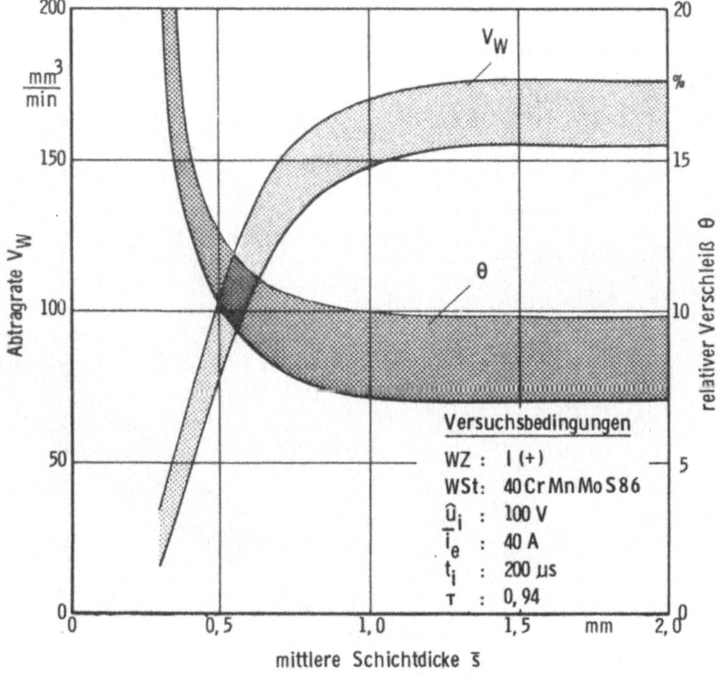

Bild 76: Einfluß der mittleren Schichtdicke auf die
Abtragrate und den relativen Verschleiß

7.4.2   Einfluß der Schichtdicke auf die erreichbare
             Erodiertiefe

Die Beschichtungszeit wird bei Elektrolyten, die zu keiner
oder nur geringer Winkelschwäche führen, hauptsächlich durch
die erforderliche Schichtdicke der Kupferschale bestimmt.
Diese richtet sich nach der vom Einsatzfall abhängigen
notwendigen Erodiertiefe und dem Elektrodenverschleiß, der
durch die Einstellung der Erodieranlage beeinflußbar ist.

Die erreichbare Erodiertiefe bis zum Versagen an der Stirnfläche ist von der Beschichtungszeit abhängig. Sie wird für
eine Maschineneinstellung untersucht, die zu einem hohen
Verschleiß führt (Bild 77).

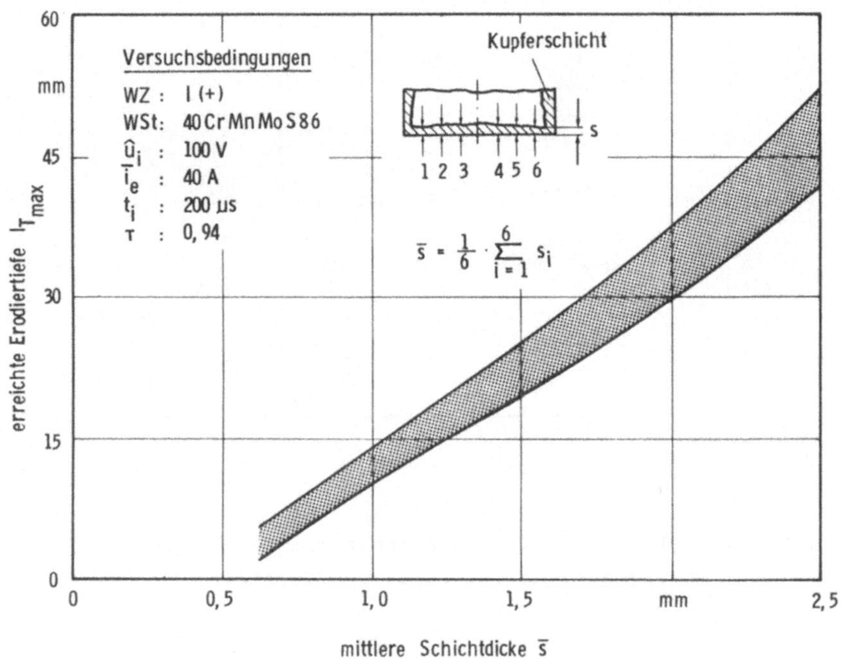

Bild 77: Einfluß der Schichtdicke auf die erreichbare
Erodiertiefe

Der Anstieg der erreichbaren Erodiertiefe ist annähernd proportional zur Schichtdicke am Boden Elektroden. Der Streu-
bereich ergibt sich dadurch, daß die jeweilige Mindestschichtdicke sich in einem gewissen Bereich ändern kann.

Wird der relative Verschleiß durch Senken des Entladestromes
oder durch Erhöhen der Impulsdauer vermindert, so können
größere Erodiertiefen erreicht werden, ohne daß ein Bruch der
Elektrode auftritt.

Bei ansonsten gleichen Versuchsbedingungen wie in Bild 77
angegeben, wurde z.B. mit einem Entladestrom von 20 A bei
einer mittleren Bodenschichtdicke von 1,5 mm bis zu einer
Tiefe von 100 mm erodiert, ohne daß ein Fehler an der
Elektrode auftrat.

Elektroden mit einer mittleren Schichtdicke von einem Millimeter und darüber besitzen günstige Erodierkennwerte und die
erreichbare Erodiertiefe ist für die meisten in der Praxis
üblichen Bearbeitungsaufgaben ausreichend. Dies gilt besonders dann, wenn die zu erodierenden Hohlformen ein geringes
Aufmaß und einen Konturneigungswinkel im Bereich von 1° besitzen. Größere Schichtdicken erscheinen nur dann sinnvoll,
wenn die Änderung der Geometrie infolge des Verschleißes groß
sein darf.

7.5   <u>Versagensarten und Versagensursachen sowie</u>
<u>Massnahmen zum Fehlervermeiden</u>

Beim Funkenerodieren treten an den Elektroden Fehler auf. Aus
Gesprächen mit Anwendern galvanogeformter Elektroden, sind
verschiedene Fehlermöglichkeiten bekannt. Eine Zusammenstellung der häufigsten Versagensarten und Abhilfemaßnahmen
berücksichtigt die eigenen Erfahrungen (Bild 78).

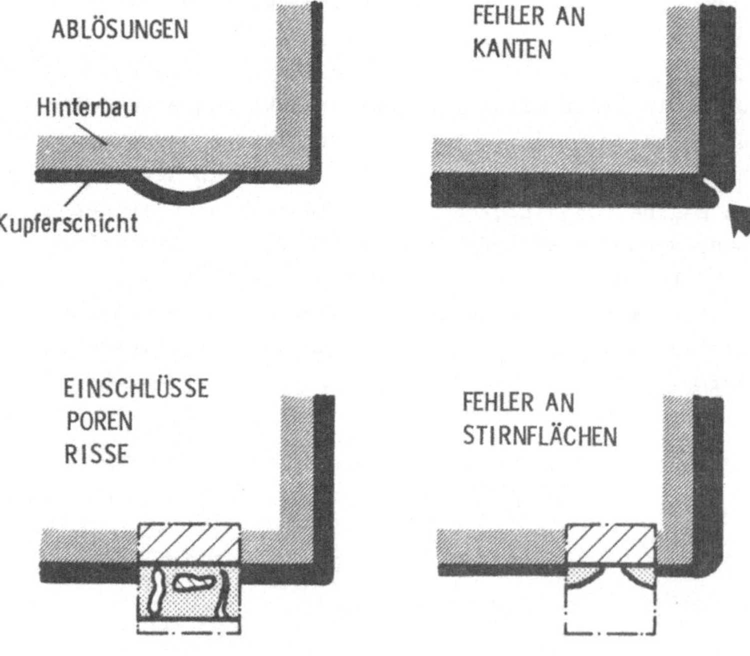

Bild 78: Versagensarten galvanogeformter Elektroden

Auf Fehler, deren Ursache eine falsche Vorgehensweise bei
der Elektrodenherstellung ist, wie z.B. Verziehen der
Elektroden durch mangelhaften Hinterbau, soll im Rahmen
dieser Arbeit nicht eingegangen werden.

- Ablösungen

Bei Erodierelektroden mit einer geringen Schichtdicke im
Bodenbereich können Abhebungen vom Hinterbau auftreten. Als
Ursache sind Wärmespannungen infolge des unterschiedlichen
linearen Wärmeausdehnungskoeffizienten von Kupfer und Hinterbau anzusehen. Besonders bei dünnen Kupferschichten kann die
entstehende Wärme nicht schnell genug abgeleitet werden, das
Kupfer dehnt sich aus, was zu Ablösungen führt (Bild 78).
Als Abhilfemaßnahme ist die Erhöhung der Schichtdicke sowie
die Verbesserung der Haftung zwischen Kupferschicht und Hinterbau geeignet. Eine Mindestschichtdicke von einem Millimeter erwies sich als ausreichend. Eine verbesserte Wärme-
abfuhr ist zudem anzustreben durch den Einsatz von Hinter-
fütterungswerkstoffen mit höherer Wärmeleitfähigkeit.

Die Mindestschichtdicke läßt sich bei einfachen Geometrien
z.B. durch Verlängern der Beschichtungsdauer erhöhen.
Wirtschaftlicher ist es, einen Elektrolyten zu wählen, der
eine bessere Schichtdickenverteilung ergibt und somit bei
gleicher Beschichtungsdauer zu einer größeren Mindestschichtdicke führt.

Die anorganische Zusammensetzung der Elektrolyte beeinflußt
die Schichtdickenverteilung entscheidend. Deshalb sollten
Elektrolyte mit hohem Schwefelsäuregehalt und niedrigem
Kupfergehalt bevorzugt eingesetzt werden /9/. Eine Grundzusammensetzung mit einem Kupfergehalt von 20 g/l und einem
Schwefelsäuregehalt von 180 g/l hat sich gut bewährt. Die
organischen Zusätze haben dagegen einen geringeren Einfluß
auf die Schichtdickenverteilung.

Da der Einsatz der Galvanoformung meist bei Elektroden erfolgt, die geometrische Schwierigkeiten aufweisen, ist die
einsetzbare Stromdichte begrenzt. Bei dem empfohlenen
Elektrolyt mit guter Streufähigkeit sollte die eingestellte
Stromdichte 1 A/dm² nicht überschreiten.

Ist abzusehen, daß aufgrund ungünstiger geometrischer Verhältnisse die geforderte Mindestschichtdicke nicht erreicht
werden kann und führen auch Hilfsmaßnahmen, wie z.B. der
Einsatz von Hilfsanoden oder Blenden nicht zum gewünschten
Erfolg, sollte auf den Einsatz der Galvanoformung verzichtet
werden.

- Einschlüsse, Poren, Risse

Ausbrüche und Lunker infolge von Einschlüssen und Poren
treten hauptsächlich bei grobkörnigem Gefüge auf. Sie bilden
sich beim Erodieren auf dem Werkstück ab und müssen durch
Nacharbeit entfernt werden. Dies kann besonders bei unzu-
reichender Elektrolytbewegung sowie bei verunreinigten
Elektrolyten auftreten. Als wirksame Gegenmaßnahme hat sich
eine kontinuierliche Filtration des Elektrolyts bewährt und
die Zugabe organischer Stoffe, die einen feinkörnigen
Gefügeaufbau bewirken. Eine Zusammenstellung der in Betracht
kommenden organischen Zusätze wird von Fagan /83/ und Strauß
/30/ gegeben. So werden z.B. Gelatine, Dextrin, Leim und
Melasse zum Erzeugen eines feindispersen Gefüges eingesetzt.

Die meisten der heute eingesetzten organischen Zusätze sind
patentrechtlich geschützt oder Firmengeheimnis. Sie können
jedoch von Fachfirmen bezogen werden.

Mikrorisse treten an der Oberfläche bei fast allen Elektroden
auf, bei denen mit hoher Entladeenergie gearbeitet wird. Sie
sind auch bekannt an Elektroden aus thermisch kristallisiertem Kupfer und sollen in diesem Zusammenhang nicht näher
betrachtet werden, sofern sie nicht zu sichtbaren Fehlern
am Werkstück führen.

Die Gefahr der Rißbildung kann verringert werden, wenn die
abgeschiedene Kupferschicht eine hohe Bruchdehnung aufweist.
Ein Bruchdehnungswert von 5 % sollte insbesondere bei Elektroden, die für die Bearbeitung mit höheren Entladeenergien
eingesetzt werden, nicht wesentlich unterschritten werden.

Das Verringern der Impulsdauer und/oder Senken des Entladestromes haben sich als wirksame Maßnahme zum Vermeiden von
Rissen bewährt. Durch Vermindern des Entladestromes von 40 A
auf 20 A traten bei einer Impulsdauer von 500 µs auch bei
spröden Elektroden nur Risse auf, die keine negativen
Auswirkungen auf die Werkstückoberfläche hatten.

- Fehler an Stirnflächen

Diese Versagensart tritt in zwei verschiedenen Weisen auf.
Bei Elektroden mit ungleichmäßiger Schichtdickenverteilung
ist die Kupferschicht meist an Stellen hohen örtlichen Verschleißes sehr dünn, so daß nach kurzer Erodierdauer die
Elektrode infolge des Verschleißes versagt. Meist führen in
diesen Fällen die gleichen Abhilfsmaßnahmen wie beim
Auftreten von Ablösungen zum Erfolg.

Bei Elektroden mit gleichmäßiger Schichtdicke, die keine
Winkelschwäche oder Rißbildung aufweisen, tritt ein Bruch
erst dann auf, wenn auch eine Elektrode aus tiefgezogenem
Kupferblech mit der gleichen Dicke ausfallen würde.

In diesem Fall kann nicht von einem typischen Versagen galvanogeformter Elektroden gesprochen werden. Die mögliche Einsatzdauer der Elektrode hängt dann nur von den Geometrieänderungen infolge des Elektrodenverschleißes ab.

Für viele Anwendungsfälle des Erodierens ist es wirtschaftlich sinnvoll, wenn im Anschluß an den Erodiervorgang ein weiterer Bearbeitungsschritt folgt, um die geforderte Endrauheit des Werkstücks zu erreichen. Dadurch kann sowo l bei der Schrupp- wie auch bei der Schlichtbearbeitung mit einer verschleißärmeren Maschineneinstellung, d. h. größerer Impulsdauer gearbeitet werden, wodurch die Standzeit der Elektrode verlängert wird. Dies ist besonders wichtig, wenn mit einer Elektrode mehrere Werkstücke bearbeitet werden müssen. Als Verfahren zum Verringern der Rauheit eignet sich z.B. das elektrochemische Polieren.

- Fehler an Kanten

Die Elektrode kann durch einen Bruch an der Kante schon kurz nach Beginn des Erodierens versagen. Der Kantenbruch ist die Folge der Winkel- oder Innenkantenschwäche. An Innenkanten ist die Schichtdicke durch eine schlechte Mikrostreufähigkeit gering oder es tritt durch geringe bzw. fehlende Kornbindung an der Winkelhalbierenden eine Festigkeitsminderung der Schicht auf.

Die Kapillarbildung an der Winkelhalbierenden ist hauptsächlich bei stark säulenförmigem, grobkörnigem Gefüge festzustellen. Bei unorientierten Schichten ist sie selten zu entdecken. Die bereits beschriebenen Fehler sind nur örtlich zu finden, während der Kantenbruch meist entlang der gesamten Kante auftritt.

Durch den Einsatz organischer Zusätze kann, wie gezeigt
wurde, ein feindisperses Gefüge erreicht werden. Eine Über-
prüfung des Gefügezustandes im Querschliff auf das Auftreten
der Winkelschwäche ist unzureichend. Aussagekräftiger ist
eine Versuchsbearbeitung mit einer Napfelektrode, um
sicherzustellen, daß mit dem gewählten Zusatzsystem kein
Kantenbruch auftritt. Gleichzeitig kann dabei auf einfache
Weise die Neigung des Elektrodenwerkstoffes zur Rißbildung
überprüft werden.

Als konstruktive Maßnahme zum Verringern der Gefahr des
Kantenbruchs kann das Badmodell mit Radien versehen werden.
Inwieweit dies möglich ist, hängt vom zulässigen Kantenradius
am Werkstück ab. Besonders wenn eine große Erodiertiefe
erreicht werden muß, ist es günstig, die Kanten des
Badmodells mit Radien ($\approx$ 0,5 mm) zu versehen und die
Entladeenergie durch Senken des Entladestroms zu verringern.

Faßt man die teilweise gegenläufigen Forderungen zusammen,
so sollte der Entladestrom nicht wesentlich über 20 A gewählt
werden. Bei dieser Einstellung ergibt sich insbesondere bei
hoher Impulsdauer nur eine geringere Kantenabrundung, die
Neigung zur Rißbildung ist vermindert und die Standzeit der
Elektrode hoch. Besonders bei teuren Großelektroden sollte
daher zugunsten einer erhöhten Fertigungssicherheit eine
längere Erodierdauer in Kauf genommen werden.

Beim Schlichten können die Arbeitsparameter entsprechend der
geforderten Maß- und Formgenauigkeit sowie der Oberflächen-
qualität gewählt werden, wie beim Einsatz spanend hergestellter Kupferelektroden.

Für viele Anwendungsbereiche des funkenerosiven Senkens
können die Erodierelektroden durch Galvanoformung hergestellt
werden. Die Werkstoffeigenschaften von Kupferschichten, die
aus handelsüblichen Elektrolyten abgeschieden werden, unterscheiden sich zum Teil erheblich. Dadurch können sich beim
Erodieren unterschiedliche Abtrag- und Verschleißraten ergeben. Diese werden jedoch von den Einstellparametern der
Erodieranlage wesentlich stärker beeinflußt.

Das Auftreten von Rissen auf der Elektrodenoberfläche ist
stark von der Bruchdehnung des Kupfers sowie der Maschineneinstellung abhängig. Bei Kupferwerkstoffen mit Bruchdehnungswerten über 5 % wird auch bei hohem Entladestrom und
hoher Impulsdauer keine Rißbildung festgestellt, die zu
Fehlern am Werkstück führt.

Durch die Variation des Zusatzgehaltes ändern sich bei den
untersuchten Elektrolyten D und L die Eigenschaftswerte in
großen Bereichen. Günstige Abtragkennwerte werden dabei
besonders bei hohen Zusatzkonzentrationen ermittelt, die zu
einer großen relativen Widerstandserhöhung, aber auch zu
spröden Kupferschichten führen.

Bei der Bestimmung der erreichbaren Erodiertiefe werden die
Versagensarten und -ursachen untersucht und Abhilfemaßnahmen
erarbeitet. Neben der Schichtdicke ist das Auftreten der
Winkelschwäche entscheidend für die Standzeit der galvanogeformten Elektroden. Bei Elektroden, die keine Winkelschwäche
aufweisen, ist das Versagen von der Schichtdicke abhängig.

Eine Mindestschichtdicke von einem Millimeter ist zum
Erreichen günstiger Abtragkennwerte für die meisten in der
Praxis auftretenden Bearbeitungsaufgaben ausreichend. Bei
einem Grundansatz mit niedrigem Kupfer- und hohem Schwefelsäuregehalt wird auch bei Elektrolyten, die organische Zusätze enthalten, eine gute Schichtdickenverteilung erreicht,
was sich günstig auf die benötigte Beschichtungsdauer aus-
wirkt. Die Zugabe organischer Stoffe ist notwendig, um die
Winkelschwäche zu vermindern. Die Wirksamkeit der Zusätze
muß in praxisnahen Versuchen überprüft werden. Konstruktive
Maßnahmen, zum Vermeiden des Versagens an Kanten, wie das
Anbringen von Radien, führen nur bedingt zu günstigeren
Ergebnissen.

Mit einem ausgewählten Elektrolyt werden Elektroden herge-
stellt und mit spanend bearbeiteten Elektroden aus Elektro-
lytkupfer verglichen. Dabei werden mit der gleichen Einstel-
lung der Erodieranlage die gleichen Abtragkennwerte und
Oberflächengüte erreicht wie mit Elektrolytkupfer. Bei der
Schruppbearbeitung sollte bei galvanogeformten Elektroden der
Entladestrom 20 A nicht wesentlich überschreiten, um die
Kantenbelastung niedrig zu halten.

Die durchgeführten Versuche zeigen, daß die galvanotechni-
schen Probleme bei der Herstellung von Erodierelektroden
gelöst werden können. Mit Hilfe der in der Arbeit gegebenen
Hinweise kann der Galvaniker Elektroden zur Verfügung
stellen, mit denen der Werkzeugbauer mit der empfohlenen
Maschineneinstellung gute Ergebnisse erzielen kann.

/1/   König, W.: Leistungssteigerungen bei spanenden und
      abtragenden Bearbeitungsverfahren.
      Verlag W. Girardet, Essen 1971.

/2/   Lange, K.: Hohlformwerkzeuge für Ur- und Umformver-
      fahren.
      VDI-Berichte (1971) 166, S. 83-96.

/3/   König, W. u.a.: Systemanalytische Betrachtung der Kon-
      struktion und Fertigung von Hohlformwerkzeugen der
      Umformtechnik.
      Industrie-Anzeiger 96 (1974)9, S. 177-183.

/4/   VDI 3402, Blatt 1: Elektroerosive Bearbeitung, Defini-
      tion und Terminologie.
      VDI-Verlag, Düsseldorf 1976.

/5/   Ullmann, W.: Die Herstellung von Graphitelektroden
      nach dem Formfeilverfahren für die Funkenerosionsbear-
      beitung im Formen- und Gesenkbau.
      Giesserei 67 (1980)13, S. 418-423.

/6/   König, W.: Fertigungsverfahren. Band 3, Abtragen.
      VDI-Verlag, Düsseldorf 1979.

/7/   VDI 3400: Elektroerosive Bearbeitung. Begriffe, Ver-
      fahren, Anwendung.
      VDI-Verlag, Düsseldorf 1975.

/8/   Haas, E.: Große Galvanoformen im Werkzeug- und
      Formenbau.
      Werkstatt und Betrieb 105 (1972)4, S. 257-262.

/9/   Weiler, G.G.: Galvanoformung zur Herstellung großer
      Erodierelektroden.
      Stuttgart, Universität, Dr.-Ing.-Diss. 1975.

/10/ Förster, K.: Fachgebiete in Jahresübersichten:
      Funkenerosionsanlagen.
      VDI-Zeitschrift 123 (1981)19, S. 815-824.

/11/ Enning, H.J.: Ein Beitrag zur Reduzierung des Elektro-
      denverschleißes bei der funkenerosiven Senkbearbeitung.
      Aachen, Technische Hochschule, Dr.-Ing.-Diss. 1980.

/12/ König, W. u. W.J. Jutzler: Technologie des funken-
      erosiven Senkens mit Graphit-Elektroden.
      Industrie-Anzeiger 101 (1979)55, S. 27-29.

/13/ Weiß, L.: Funkenerosions-Elektroden aus Graphit.
Werkstatt und Betrieb 111 (1978)1, S. 7-10.

/14/ Carter, G.A.u. I. Jergas: Elektroden für die Funkenerosion.
Werkstatt und Betrieb 113 (1980)5, S. 313-316.

/15/ Klaus, J.: Herstellung und Anwendung von Graphitelektroden.
wt - Zeitschrift für industrielle Fertigung,
69 (1979)11, S. 677-680.

/16/ Müller, H.: Verhalten galvanogeformter Elektroden
beim Erodieren.
HGF-Bericht 81/17 (1981).

/17/ Lieber, H.W.: Lehrgang: Moderne Gesichtspunkte der
Galvanotechnik. Die Überwachung galvanischer Prozesse.
Galvanotechnik 71 (1980)9, S. 1000-1001.

/18/ Christie, I.R.A.: Electroplating in the Electronics
Industry.
Transactions of the Institute of Metal Finishing
60 (1982), S. 33-40.

/19/ Tuscher, O. u. R. Suchentrunk: Anwendungen der Galvano-
technik in der Luft- und Raumfahrt.
Oberflächentechnik: Vorträge des SURTEC-Kongresses 1981
VDI-Verlag GmbH, Düsseldorf 1981, S. 471-481.

/20/ Rothschild, B.F.: Factors Involved in the Development
of Plating Solutions with high Throwing Power.
Plating & Surface Finishing May 1979, S. 70-74.

/21/ Pinner, R.: Galvanische Überzüge aus Kupfer und
Kupferlegierungen.
Eugen G. Leuze Verlag, Saulgau 1965.

/22/ Bolch, T.: Einsatz schwefelsaurer Kupferelektrolyte in
der Galvanoformung.
Tagungsbericht: Jahrestagung der DG 1975,
Galvanotechnik 67 (1976)1, S. 24-25.

/23/ Weiler, G.G. u. K. Zerweck: Beeinflussung der Streufähigkeit in sauren Kupferelektrolyten.
Metalloberfläche 29 (1975)3, S. 111-118.

/24/ Mayer, L. u. S. Barbieri: Characteristics of Acid
Copper Sulfate Deposits For Printed Wiring Board
Applications.
Plating and Surface Finishing, (1981)3, S. 46-49.

/25/ Brenner, A. u. S. Senderoff: Ein Spiralkontraktometer
     zum Messen der Spannungen in galvanischen Überzügen.
     J. Res. Nat. Bur. Stand 42 (1949), S. 89-104.

/26/ Dvorak, A., Prusek, J. u. L. Vrobel: Möglichkeiten zur
     Messung der Eigenspannung galvanischer Überzüge.
     Metalloberfläche 27 (1973)8, S. 284-288.

/27/ Spähn, H.: Zur Messung von Eigenspannungen in galva-
     nisch abgeschiedenen Metallüberzügen.
     Metalloberfläche 16 (1962)4, S. 109-114.

/28/ Stalzer, M.: Geräte für Spannungsmessungen an galva-
     nisch abgeschiedenen Schichten und Beschreibung eines
     neuentwickelten selbstkompensierenden und registrieren-
     den Gerätes.
     Metalloberfläche 18 (1964)9, S. 263-267.

/29/ Fürstenberg, U.-H.: Die Anwendung der Plättchenmethode
     zur Eigenspannungsmessung in Metallniederschlägen unter
     Berücksichtigung von Nickel- und Hartchromnieder-
     schlägen.
     Metalloberfläche 22 (1968)4, S. 117-122.

/30/ Strauß, W.: Grenzflächenaktive Substanzen in der
     Galvanotechnik.
     Tenside 3 (1966)5, S. 144-150.

/31/ Lamb, A. u. D.R. Valentine: Physical and Mechanical
     Properties of Electrodeposited Copper.
     Plating (1965)12, S. 1289-1311 und (1966)1, S. 86-95.

/32/ Schulte, H.H.: Einfluß von Badzusätzen auf das kathodi-
     sche Verhalten von Kupfer in sauren Kupfersulfat-
     lösungen.
     Berlin, Technische Universität, Dr.-Ing.-Diss. 1976.

/33/ Raub, E.: Grundlagen der Metallabscheidung.
     In: Metallkundliche Aspekte der Galvanotechnik,
     S. 35-46.Hrsg: Deutsche Gesellschaft für Metall-
     kunde e.V., Oberursel 1979.

/34/ Raub, E. u. K. Müller: Grundlagen der Metallab-
     scheidung .
     In: Handbuch der Galvanotechnik Band I/1, S. 9-177.
     Hrsg: Dettner, W. u. J. Elze: C. Hanser-Verlag,
     München 1963.

/35/   Riedel, W.: Einfluß von Struktur und Fremdstoffen auf
       die mechanischen Eigenschaften von Überzügen.
       Galvanotechnik 71 (1980)3,. S. 222-224.

/36/   Fischer, H.: Elektrolytische Abscheidung und Elektro-
       Kristallisation von Metallen.
       Springer Verlag, Berlin, Göttingen, Heidelberg 1954,
       S. 42-519.

/37/   Ibl, N.: Die Diffusionsschicht bei der Elektrolyse und
       deren Bedeutung für die Struktur elektrolytischer
       Metallniederschläge.
       Galvanotechnik + Oberflächenschutz 4 (1963),
       S. 265-279.

/38/   Spiro, P.:Einige galvanotechnische Probleme der
       galvanoplastischen Formenherstellung.
       Metalloberfläche 14 (1960)4, S. 118-123.

/39/   Notley, J.M.: Corner Weakness in Nickel Electroforms.
       Transactions of the Institute of Metal Finishing
       50 (1972)1, S. 6-10.

/40/   Raub, E.: Messung und Bedeutung der Streufähigkeit
       galvanischer Bäder.
       Galvanotechnik + Oberfläche 4 (1963)3, S. 60-76.

/41/   Kardos, O.: Current Distribution on Microprofiles.
       Plating 61   I: (1974)2, S. 129-137
                   II: (1974)3, S. 229-237
                  III: (1974)4, S. 316-324

/42/   Ibl, N.: Die Rolle des Elektrolytischen Stoff- und
       Ladungstransports in der Elektrometallurgie.
       Erzmetall 22 (1969) Beiheft, S. B 87 - B 98.

/43/   Weiler, G.G.: Galvanoformung - Einsatz im Werkzeug-
       und Formenbau.
       Metalloberfläche 30 (1976)2, S. 69-73.

/44/   Wertheim, R.A., A. Weiß u. W.-I. Jutzler: Funkenerosi-
       ves Senken und Schneiden schwerzerspanbarer Werkstoffe.
       4. Arbeitstagung des Arbeitskreises "Schwerzerspanbare
       Werkstoffe", WZL, TH Aachen 1975.

/45/   Jutzler, W.-I. u. A. Weiß: Funkenerosive Bearbeitung
       schwerzerspanbarer Werkstoffe.
       5. Arbeitstagung des Arbeitskreises "Schwerzerspanbare
       Werkstoffe", WZL, TH Aachen 1976.

/46/ Jutzler, W.-I. u. A. Weiß: Funkenerosive Bearbeitung
      schwerzerspanbarer Werkstoffe.
      6. Arbeitstagung des Arbeitskreises "Schwerzerspanbare
      Werkstoffe", WZL, TH Aachen 1977.

/47/ König, W., Wertheim R. u. A. Weiß: Funkenerosive Bear-
      beitung von Hartmetall.
      Forschungsbericht des Landes NRW, Nr. 2406,
      Westdeutscher Verlag, Köln und Opladen 197.

/48/ Wertheim, R. u. A. Weiß: Die Erodierbarkeit schwer zer-
      spanbarer Werkstoffe.
      3. Arbeitstagung des Arbeitskreises "Schwerzerspanbare
      Werkstoffe", WZL, TH Aachen 1974.

/49/ Stempel, G.: Funkenerosions-Elektroden auf Metallbasis.
      Werkstatt und Betrieb 111 (1978)3, S. 194-200.

/50/ Longfellow, J., Wood, J.D. u. R.B. Palme: The Effects
      of Electrode Material / Properties on the Wear Ratio
      in Spark-Machining.
      Journal of the Institute of Metals 96 (1968), S. 43-48.

/51/ Wertheim, R.: Untersuchung der energetischen Vorgänge
      bei der funkenerosiven Bearbeitung als Grundlage für
      eine Verbesserung des Prozeßablaufs.
      Aachen, Technische Hochschule, Dr.-Ing.-Diss. 1975.

/52/ Warnecke, H.-J. u. G.G. Weiler: Werkzeugherstellung mit
      galvanogeformten Erodierelektroden.
      wt - Zeitschrift für industrielle Fertigung,
      65 (1975)5, S. 289-296.

/53/ Gerthsen, Chr. u. H.O. Kneser: Physik.
      11. Aufl., Springer Verlag, Berlin, Heidelberg,
      New York 1971, S. 197 u. S. 545.

/54/ DIN 1708: Kupfer, Kathoden und Gußformate.
      Beuth Verlag, Berlin, Köln 1973.

/55/ N.N.: Eigenschaften von Elektrolytkupfer.
      Information der Kabel- und Metallwerke AG, Osnabrück.

/56/ Schulz-Harder, J.: Ein neuer Mechanismus des Einflusses
      von Badzusätzen auf die Stromdichteverteilung bei der
      Metallabscheidung auf rauhen Kathoden und seine experi-
      mentelle Begründung.
      Berlin, Technische Universität, Dr.-Ing.-Diss. 1971.

/57/   Strube, G.: Die physikalischen Eigenschaften galvani-
scher Kupferauflagen aus sauren Elektrolyten in
Beziehung zur Kantenrißbildung.
Metalloberfläche 39 (1980)10, S. 388-390.

/58/   Michael, G.: Entwicklung eines selbstregulierenden
sauren Glanzkupferbades für Spezialzwecke.
Metalloberfläche 32 (1978)10, S. 430-434.

/59/   Wiesner, H.J. u. W.P. Frey: Some Mechanical Properties
of Copper Electrodeposited from Pyrophosphate and
Sulfate Solutions.
Plating and Surface Finishing (1973)3, S. 51-56.

/60/   DIN 50 133, Blatt 2: Härteprüfung nach Vickers.
Beuth Verlag, Berlin, Köln 1972.

/61/   N.N.: Betriebsanleitung für den Durimet-Kleinlast-
härteprüfer.
Druckschrift der Leitz GmbH, Wetzlar.

/62/   DIN 50 114: Zugversuch ohne Feindehnungsmessung an Ble-
chen, Bändern oder Streifen mit einer Dicke unter 3 mm.
Beuth Verlag, Berlin, Köln 1980.

/63/   DIN 50 145: Zugversuch.
Beuth Verlag, Berlin, Köln 1975.

/64/   DIN 51 221: Zugprüfmaschinen, Allgemeine Anforderungen.
Beuth Verlag, Berlin, Köln 1976.

/65/   Haak, R., Ogden, C. u. D. Tench: Comparison of the
Tensile Properties of Electrodeposits From Various Acid
Copper Sulfate Baths.
Plating and Surface Finishing (1981)10, S. 59-62.

/66/   Khan, H.R., Muramaki, T. u. Ch.J. Raub: Der elektri-
sche Widerstand galvanisch abgeschiedener Gold- und
Nickelschichten bei tiefen Temperaturen.
Metalloberfläche 33 (1979)3, S. 102-103.

/67/   Bogenschütz, A.F. u.a.: Galvanische Korrosionsschutz-
schichten für elektronische Anwendungen (Teil 4).
Metalloberfläche 34 (1980)5, S. 187-194.

/68/   N.N.: Die Regel von Matthiessen.
Technica (1981)7, S. 609.

/69/ Rolff, R.: Die Abweichung des spezifischen elektrischen
     Widerstandes galvanisch abgeschiedener Metallschichten
     vom spezifischen elektrischen Widerstand des entspre-
     chenden reinen Metalles. Metalloberfläche 31 (1972)12,
     S. 559-562.

/70/ Jawitz, M.W.: Effect of Addition Agents in Copper
     Baths.
     Metal Finishing (1973)8, S. 49-57.

/71/ Henning F. u. H. Moser: Temperaturmessung. 3. Aufl.
     Springer Verlag, Berlin, Heidelberg, New York 1977,
     S. 291.

/72/ Flühmann, W. u. W. Saxer: Eigenschaften von elektro-
     lytischen Kupferschichten für die Durchplattierung von
     gedruckten Schaltungen.
     Oberfläche - Surface 12 (1971)7, S. 125-128.

/73/ Enning, H.J.: Metallbearbeitung mit elektrischen
     Abtragverfahren.
     Tagungsbericht: Funkenerosion - EDM-Praxis 1981,
     Technische Akademie Esslingen 1981.

/74/ Stempel, G.: Gesinterte Verbundmetalle als Elektroden-
     werkstoffe zur Funkenerosion (EDM).
     Werkstatt und Betrieb 108 (1975) 5, S. 281-284.

/75/ Opitz, H., Schumacher, B. u. E. Kracht: Elektroerosive
     Bearbeitung.
     Forschungsberichte des Landes NRW, Nr. 2022,
     Westdeutscher Verlag, Köln und Opladen 1969.

/76/ König, W. u. R. Wertheim: Die funkenerosiv bearbeitete
     Oberfläche - Vor- und Nachteile.
     Gießerei 63 (1976)3, S. 49-55.

/77/ Obrig, W.: Grundlagen der funkenerosiven Gesenkbearbei-
     tung.
     Aachen, Technische Hochschule, Dr.-Ing.-Diss. 1961.

/78/ Enning, H.-J.: Oberflächen und Gebrauchseigenschaften
     funkenerosiv bearbeiteter Werkstücke.
     Technische Mitteilungen 73 (1980)11/12, S. 936-943.

/79/ Schmohl, H.P.: Ermittlung funkenerosiver Bearbeitungs-
     eigenspannungen in Werkzeugstählen.
     Hannover, Technische Universität, Dr.-Ing.-Diss. 1973.

/80/ Frehn, F.: Einflüsse abtragender Verfahren auf die
     Oberflächen von Stanz- und Prägewerkzeugen.
     Maschinenmarkt 82 (1976)75, S. 1350-1352.

/81/ Lenz, E. u. E. Katz: Cracking behaviour of
      sintered carbides during E.D.M.
      Annals of the CIRP, Vol. 24/1/1975, S. 109-114.

/82/ Riedel, W.: Zur Duktilität von galvanisch und
      chemisch abgeschiedenen Überzügen.
      Galvanotechnik 71 (1980)11, S. 1207-1211.

/83/ Fagan, C. P.: Der Einfluß von organischen Zusätzen
      in Kupfersulfat-Elektroformungsbädern. Electroplating
      and Metal Finishing 20 (1967) 7, 223-225.

IPA Forschung und Praxis

Schriftenreihe aus dem Institut für Produktionstechnik und Automatisierung, Stuttgart

Herausgeber: Prof. Dr.-Ing. H. J. Warnecke

Datenerfassung im Produktionsbereich
Von E. Bendeich. ISBN 3-7830-0117-8.
1977, 176 Seiten, kartoniert. 54,— DM

Methodenauswahl für die Materialbewirtschaftung in Maschinenbau-Betrieben
Von H. Graf. ISBN 3-7830-0136-6.
1977, 144 Seiten, kartoniert. 54,— DM

Systematische Auswahl von Förderhilfsmitteln für den innerbetrieblichen Materialfluß
Von W. Rau. ISBN 3-7830-0139-0.
1977, 103 Seiten, kartoniert. 40,— DM

Grundlagen zur Planung von Ersatzteilfertigungen
Von E. Schulz. ISBN 3-7830-0138-2.
1977, 98 Seiten, kartoniert. 40,— DM

Rechnerunterstützte Fabrikplanung
Von B. Minten. ISBN 3-7830-0116-1.
1977, 124 Seiten, kartoniert. 38,— DM

Eine Planungsmethode für automatische Montagesysteme
Von H.-G. Löhr. ISBN 3-7830-0120-X.
1977, 108 Seiten, kartoniert. 32,— DM

Planung und Bewertung von Arbeitssystemen in der Montage
Von H. Metzger. ISBN 3-7830-0131-5.
1977, 108 Seiten, kartoniert. 40,— DM

Klassifizierungssystem für Prüfmittel der industriellen Längenprüftechnik
Von R. Czetto. ISBN 3-7830-0144-7.
1978, 181 Seiten, kartoniert. 64,— DM

Rechnerunterstützte Montageplanung
Von O. Hirschbach. ISBN 3-7830-0149-8.
1978, 146 Seiten, kartoniert. 52,— DM

Rechnerunterstützte Entwicklung von Simulationsmodellen für Unternehmensplanspiele
Von A. Moker. ISBN 3-7830-0147-1.
1978, 181 Seiten, kartoniert. 64,— DM

Arbeitsplatzanalysen zur Ermittlung der Einsatzmöglichkeiten und Anforderungen an Industrieroboter
Von G. Herrmann. ISBN 37830-0151-X.
1978, 113 Seiten, kartoniert. 40,— DM

MFSP — Ein Verfahren zur Simulation komplexer Materialflußsysteme
Von G. Stemmer. ISBN 3-7830-0118-8.
1977, 140 Seiten, kartoniert. 60,— DM

Berührungslose Erkennung durch Positionsbestimmung von Objekten durch inkohärent-optische Korrelation
Von M. König. ISBN 3-7830-0137-4.
1977, 110 Seiten, kartoniert. 40,— DM

Auslegung von Störungspuffern in kapitalintensiven Fertigungslinien
Von R. v. Stetten. ISBN 3-7830-0140-4.
1977, 154 Seiten, kartoniert. 56,— DM

Flexible Transportablaufsteuerung
Von G. Römer. ISBN 3-7830-0114-5.
1977, 188 Seiten, kartoniert. 60,— DM

Rechnergestützte Realplanung von Fabrikanlagen
Von T.-K. Sauter. ISBN 3-7830-0119-6.
1977, 108 Seiten, kartoniert. 32,— DM

Systematisches Auswählen und Konzipieren von programmierbaren Handhabungsgeräten
Von R. D. Schraft. ISBN 3-7830-0115-3.
1977, 108 Seiten, kartoniert. 32,— DM

Auslandsproduktion
Von W. Cypris. ISBN 3-7830-0145-5.
1978, 126 Seiten, kartoniert. 42,— DM

Wirtschaftlicher Einsatz von Mehrkoordinatenmeßgeräten
Von M. Dietzsch. ISBN 3-7830-0148-X.
1978, 142 Seiten, kartoniert. 52,— DM

Fertigungssteuerung bei flexiblen Arbeitsstrukturen
Von K.-G. Lederer. ISBN 3-7830-0146-3.
1978, 128 Seiten, kartoniert. 42,— DM

Untersuchungen zum Polieren und Entgraten durch elektrochemisches Oberflächenabtragen
Von K. Zerweck. ISBN 3-7830-0150-1.
1978, 110 Seiten, kartoniert. 40,— DM

Stufenweise Ableitung eines praktischen Planungssystems für den Entwicklungsbereich
Von R. Hichert. ISBN 3-7830-0149-8.
1978, 151 Seiten, kartoniert.   52,— DM

Produktionsplanung mit Auftragsfamilien
Von U. W. Geitner. ISBN 3-7830-0161.7.
1979, 110 Seiten, kartoniert.   45,— DM

Thermisch-chemisches Entgraten
Von T. Wagner. ISBN 3-7830-0164-1.
1979, 111 Seiten, kartoniert.   45,— DM

Untersuchung der Materialflußkosten bei ausgewählten Systemen der Zentralen Arbeitsverteilung
Von R. Wenzel. ISBN 3-7830-0162-5.
1979, 168 Seiten, kartoniert.   86,— DM

Anpassung und Einführung eines Planungssystems für die Ablaufplanung im Konstruktionsbereich
Von W. Dangelmaier. ISBN 3-7830-0163-3.
1979, 168 Seiten, kartoniert.   80,— DM

Längenmessungen an bewegten Teilen mit berührungslos wirkenden Aufnehmern
Von H. Lang. ISBN 3-7830-0157-9.
1979, 89 Seiten, kartoniert.   42,— DM

Untersuchung multistabiler Strömungselemente und ihr Einsatz in sequentiellen Steuerungen
Von A. Ernst. ISBN 3-7830-0157-9.
1979, 122 Seiten, kartoniert.   48,— DM

Taktile Sensoren für programmierbare Handhabungsgeräte
Von M. Schweizer. ISBN 3-7830-0158-7.
1979, 91 Seiten, kartoniert.   42,— DM

Die rechnerunterstützte Prüfplanung
Von P. Bläsing. ISBN 3-7830-0152-8.
1979, 100 Seiten, kartoniert.   44,— DM

Verfahren zur Fabrikplanung im Mensch-Rechner-Dialog am Bildschirm
Von W. Ernst. ISBN 3-7830-0156-0.
1979, 218 Seiten, kartoniert.   72,— DM

Rechnerunterstütztes Verfahren zur Leistungsabstimmung von Mehrmodell-Montagesystemen
Von M. Görke. ISBN 3-7830-0155-2.
1979, 139 Seiten, kartoniert.   50,— DM

Standortbezogene Betriebsmittel
Von G..Pflieger. ISBN 3-7830-0167-6.
1979, 127 Seiten, kartoniert.   52,— DM

Die betriebswirtschaftliche Beurteilung neuer Arbeitsformen
Von B.-H. Zippe. ISBN 3-7830-0168-4.
1979, 350 Seiten, kartoniert.   98,— DM

Untersuchung des Arbeitsverhaltens programmierbarer Handhabungsgeräte
Von B. Brodbeck. ISBN 3-7830-0169-2.
1979, 117 Seiten, kartoniert.   48,— DM

Untersuchung eines kohärent-optischen Verfahrens zur Rauheitsmessung
Von N. Rau. ISBN 3-7830-0174-9.
1979, 117 Seiten, kartoniert.   48,— DM

Entwicklung einer programmierbaren, pneumatischen Steuerung
Von D. Klemenz. ISBN 3-7830-0171-4.
1979, 93 Seiten, kartoniert.   42,— DM

Diese Berichte sind zu beziehen durch den Krausskopf-Verlag, Lessingstraße 12, 6500 Mainz

IPA Forschung und Praxis

Berichte aus dem Fraunhofer-Institut für Produktionstechnik und Automatisierung, Stuttgart, und dem Institut für Industrielle Fertigung und Fabrikbetrieb der Universität Stuttgart

Herausgeber: Prof. Dr.-Ing. H. J. Warnecke

Die Berichte 38 und folgende sind zu beziehen durch den Springer-Verlag, Berlin Heidelberg New York Tokyo

IPA Forschung und Praxis

Berichte aus dem Fraunhofer-Institut für Produktionstechnik und Automatisierung, Stuttgart, und dem Institut für Industrielle Fertigung und Fabrikbetrieb der Universität Stuttgart

Herausgeber: Prof. Dr.-Ing. H. J. Warnecke